# 畜禽粪污资源化利用实用技术

CHUQIN FENWU ZIYUANHUA LIYONG SHIYONG JISHU

赵万余◎主编

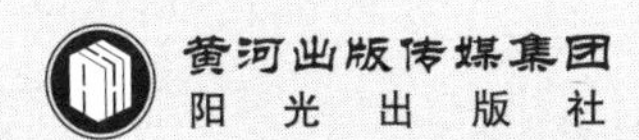
黄河出版传媒集团
阳光出版社

**图书在版编目(CIP)数据**

畜禽粪污资源化利用实用技术 / 赵万余主编.-- 银川：阳光出版社，2018.4（2021.3重印）
ISBN 978-7-5525-4777-1

Ⅰ.①畜… Ⅱ.①赵… Ⅲ.①畜禽－粪便处理－资源利用－研究 Ⅳ.①X713

中国版本图书馆 CIP 数据核字（2019）第 078906 号

**畜禽粪污资源化利用实用技术** 赵万余 主编

**责任编辑** 马 晖
**封面设计** 齐玉成
**责任印制** 岳建宁

黄河出版传媒集团 阳光出版社 出版发行

**地　　址** 宁夏银川市北京东路 139 号出版大厦（750001）
**网　　址** http://www.ygchbs.com
**网上书店** http://shop129132959.taobao.com
**电子信箱** yangguangchubanshe@163.com
**邮购电话** 0951-5014139
**经　　销** 全国新华书店
**印刷装订** 宁夏银报智能印刷科技有限公司
**印刷委托书号** （宁）0020246

**开　　本** 880mm × 1230mm 1 / 32
**印　　张** 6
**字　　数** 180 千字
**版　　次** 2019 年 5 月第 1 版
**印　　次** 2021 年 3 月 第 3 次印刷
**书　　号** ISBN 978-7-5525-4777-1
**定　　价** 38.00 元

# 《畜禽粪污资源化利用实用技术》
# 编 委 会


主编：赵万余

编者：巫 亮 封 元 张国坪 吴建宁 何志军
李 勇 杨春莲 谢建亮 王 虹 邵喜成
胡爱平 陈 昆 王 娟 马廷福 陈玉坤
郑新云 李毓华

# 前 言

近年来，随着畜牧业持续稳定发展，保障了肉、蛋、奶供给的同时，畜禽粪污已是困扰畜禽养殖业健康可持续发展的一个重要难题。习近平总书记在2016年12月21日主持召开的中央财经领导小组第十四次会议上明确指出："加快推进畜禽养殖废弃物处理和资源化，关系6亿多农村居民生产生活环境，关系农村能源革命，关系能不能不断改善土壤地力、治理好农业面源污染，是一件利国利民利长远的大好事。"因此，加快畜禽养殖粪污资源化利用相关技术推广，对现代畜牧业转型升级具有重要意义。

为全面深入贯彻落实习近平总书记的重要讲话精神和国家《畜禽规模养殖污染防治条例》要求，构建畜禽养殖业全产业链循环发展，做好源头减量、过程控制和末端利用三个方向的技术支撑，有力促进畜禽粪污资源化利用工作。基于这样的目的，结合固原市养殖业发展现状、生产过程和粪污处理存在的各种亟待解决的技术问题，编写了这本《畜禽粪污资源化利用实用技术》，有针对性地提出粪污好氧堆肥、种养结合、肥水利用和垫料回用、土地承载力测算、饲料减排等畜禽粪污处理实用技术和养殖场台账管理办法，可为养殖场、养殖户选择畜禽饲料减排和粪污处理提供技术指导。

书中不妥之处在所难免，恳请读者批评指正。

编　者

二〇一八年十月

# 目 录

## 第三部分　畜禽粪污资源化利用管理制度及案例



## 第四部分　附　录

第一部分

# 畜禽粪污资源化利用概况

# 第一章 国内外畜禽粪污资源化利用概况

## 第一节 国内概况

### 一、畜禽粪污资源化利用背景

为防治畜禽养殖污染，推进畜禽养殖废弃物的综合利用和无害化处理,保护和改善环境,保障公众身体健康,促进畜牧业持续健康发展,2014年1月1日,《畜禽规模养殖污染防治条例》(国务院令第643号）正式实施。习近平总书记在2016年12月21日主持召开的中央财经领导小组第十四次会议上明确指出:“加快推进畜禽养殖废弃物处理和资源化,关系6亿多农村居民生产生活环境,关系农村能源革命,关系能不能不断改善土壤地力、治理好农业面源污染,是一件利国利民利长远的大好事。”习近平总书记的重要讲话精神和《畜禽规模养殖污染防治条例》的颁布标志着我国畜禽养殖废弃物综合利用和无害化处理正式拉开序幕。

### 二、中国畜牧业发展及畜禽粪污资源化利用基本情况

中国是当今世界上最大的畜禽产品生产和消费国,根据2016年国家统计局公布的数据显示,全国肉、奶和禽蛋类年总产量分别达到8 537.76万t、3 602.2万t和3 094.56万t,丰富多样的畜禽产品正在改变着中国人民的生活水平,提升着人们的生活质量。与此同时,养殖业的兴起也加剧了畜禽养殖业的污染,畜禽养殖业的污染主要源于畜禽代谢物。据农业农村部2014年统计分析数据显示，全国规模化畜禽养殖业的化学需氧量和氨氮排放量分别达到1 049万t和58万t，占到全国排放总量的45%和25%,占农业源排放总量的95%和97%,大量的养殖业废弃物没有得到合理利用和处理,成为环境综合整治的一大难题。

中国传统畜牧业生产多以农户分散养殖为主,散养畜禽存栏数量少,粪尿排泄量也相对较少。由于畜禽粪尿中含有丰富的有机物和氮、磷、钾(N、P、K)等养分,富含钙、镁、钠(Ga、Mg、Na)等多种矿物质盐,是农作物生长过程中需要的主要养分,对提高土壤肥力,改良土壤肥力和提高农作物产量都有很好的作用,因而粪尿一直被农民当做是农作物肥料的重要来源。

随着人们物质生活水平日益改善和农业结构调整,近十年,我国畜禽养殖规模化发展迅猛提升,饲养模式逐步由农户散养转变成规模化生产,生产方式向高密度、大数量的商品化生产转变。这一改变,为缓解奶、肉、蛋供需紧张状况做出了很大贡献,为农村经济发展起到了不可估量的作用。但越来越大的畜禽养殖规模和越来越高的规模化程度与种植业日益脱节,产生的畜禽粪污在一定的范围内没有足够的消纳土地,任意堆积和排放,对大气、土壤和水环境造成严重的污染。与此同时,化肥工业的迅速发展及使用,使农家粪肥大量闲置,规模化养殖场(小区)产生的粪污未加处理直接排放,严重地污染了养殖场(小区)周边的地表水、地下水和空气。因此,如何保证畜牧业发展与生态环境保护双赢,是现代畜牧业亟待解决一大难题。据测算,10 万头牛对环境的污染约相当于一个 100 万人口的城市产生的生活污染。

畜禽粪便虽然是污染物,同时也是放错了位置的资源,经适当的处理后,可用作肥料,对促进种养结合、有机农业和经济作物的发展及农业良性循环,起着重要作用,在环保和生态问题日益被重视的今天,粪污资源化利用已是世界性的必然趋势。就当前而言,粪污无害化处理面临的主要困难有以下几个方面。

1.种养脱节。养殖业随着现代畜牧业的快速发展,生产经营方式已发生了巨大变化,从散养模式向着规模化、集约化和专业化方向转变;种植业随着农村联产承包责任制的实施,包产到户,土地由农户自由生产和经营。种植业和养殖业相对独立经营,另外,环保部门业务分工也是各司其职,在畜禽养殖废弃物综合利用和无害化处理过程中难以做到高效的协调和沟通,致使种养结合方面“以草定畜、以地定养”和畜禽粪污综合利用等技术难以取得最好效果。

2.饲养方式落后。大部分养殖场都是老场子,因陋就简,缺乏统一规划,养殖场建设之初没有考虑粪污处理与综合利用问题,造成养殖场建设布局不合理,加上当前我国在粪污处理方面技术相对于发达国家比较落后,粪污收集、处理和利用没能配套先进设备,也缺少专业技术力量,导致粪污处理场建设选地困难、处理方式落后,再利用难度加大。

3.粪污处理方式粗放。由于畜禽粪污处理和综合利用需要较大资金投入才能运行,加之养殖业本身就是微利经营,沼气池、有机肥场等现代化粪污治理投资与运行费用相对较高,养殖场单独治污资金匮乏,负担过重,大多数养殖场自身很难承受,致使畜禽粪污的处理和综合利用基本停留在堆集自然发酵还田的粗放模式上,堆积自然产生的臭气污染空气,堆积过程中造成大量蚊蝇孳生,还会成为疫病传播的传染源,严重影响人和畜禽的健康。

4.有机肥使用量有限。化肥运输方便,短期内施用效果比有机肥明显,导致施用有机肥的农户较少,多数农户把粪污自然腐熟后当做底肥施用,作物栽培时依然大量施用化肥,但长期施用化肥会使土壤有机质含量减少,造成土壤肥力下降,要想使土壤可持续利用,还是要施用有机肥替代化肥。

**三、畜禽粪污资源化利用法律法规及其相关文件依据**

《中华人民共和国固体废物污染环境防治法》(自 2005 年 4 月 1 日起施行)在第三章固体废物污染环境的防治第二十条规定:从事畜禽规模养殖应当按照国家有关规定收集、贮存、利用或者处理养殖过程中产生的粪便,防止污染环境。在第五章法律责任第七十一条规定:从事畜禽规模养殖未按照国家有关规定收集、贮存、处置畜禽粪便,造成环境污染的,由县级以上地方人民政府环境保护行政主管部门责令限期改正,可以处 5 元以下的罚款。

新版《中华人民共和国畜牧法》(自 2006 年 7 月 1 日起实施)在第四章畜禽养殖第四十六条规定:畜禽养殖场、养殖小区应当保证畜禽粪便、废水及其他固体废弃物综合利用或者无害化处理设施的正常运转,保证污染物达标排放,防止污染环境。畜禽养殖场、养殖小区违法排放畜禽粪便、废水及其他固体废弃物,造成环境污染危害的,应当排除危害,依法赔偿损失。国家支持畜禽养殖场、养殖小区建设畜禽粪便、废水及其他固体废弃物的综合利用设施。但是在第六章质量安全保障和第七章法律责任,均未制定相关违规违法的处罚办法,间接导致执法部门在执法过程中处于两难境地。

《中华人民共和国水污染防治法》(自2008年6月1日起施行)在第四节农业和农村水污染防治第五十六条规定:支持畜禽养殖场、养殖小区建设畜禽粪便、废水的综合利用或者无害化处理设施;畜禽养殖场、养殖小区应当保证其畜禽粪便、废水的综合利用或者无害化处理设施正常运转,保证污水达标排放,防止污染水环境;畜禽散养密集区所在地县、乡级人民政府应当组织对畜禽粪便污水进行分户收集、集中处理利用。在“第七章法律责任”再没有提及相关内容。

《中华人民共和国农业法》(自2013年1月1日起施行)在第八章农业资源与农业环境保护第六十五条规定:从事畜禽等动物规模养殖的单位和个人应当对粪便、废水及其他废弃物进行无害化处理或者综合利用,从事水产养殖的单位和个人应当合理投饵、施肥、使用药物,防止造成环境污染和生态破坏;第六十六条规定:县级以上人民政府应当采取措施,督促有关单位进行治理,防治废水、废气和固体废弃物对农业生态环境的污染。排放废水、废气和固体废弃物造成农业生态环境污染事故的,由环境保护行政主管部门或者农业行政主管部门依法调查处理;给农民和农业生产经营组织造成损失的,有关责任者应当依法赔偿。

《畜禽规模养殖污染防治条例》(国务院令第643号,自2014年1月1日起施行)在第五章法律责任第三十六条规定:各级人民政府环境保护主管部门、农牧主管部门以及其他有关部门未依照本条例规定履行职责的,对直接负责的主管人员和其他直接责任人员依法给予处分;直接负责的主管人员和其他直接责任人员构成犯罪的,依法追究刑事责任。第三十七条规定:违反本条例规定,在禁止养殖区域内建设畜禽养殖场、养殖小区的,由县级以上地方人民政府环境保护主管部门责令停止违法行为;拒不停止违法行为的,处3万元以上10万元以下的罚款,并报县级以上人民政府责令拆除或者关闭。在饮用水水源保护区建设畜禽养殖场、养殖小区的,由县级以上地方人民政府环境保护主管部门责令停止违法行为,处10万元以上50万元以下的罚款,并报经有批准权的人民政府批准,责令拆除或者关闭。第三十八条规定:违反本条例规定,畜禽养殖场、养殖小区依法应当进行环境影响评价而未进行的,由有权审批该项目环境影响评价文件的环境保护主管部门责令停止建设,限期补办手续;逾期不补办手续的,处5万元以上20万元以下的罚款。第三十九条规定:违反本条例规定,未建设污染防治配套设施或者自行建设的配套设施不合格,也未委托他人对畜禽养殖废弃物进行综合利用和无害化处理,畜禽养殖场、养殖小区即投入生产、使用,或者建设的污染防治配套设施未正常运行的,由县级以上人民政府环境保护主管部门责令停止生产或者使用,可以处10万元以下的罚款。第四十条规定:违反本条例规定,有下列行为之一的,由县级以上地方人民政府环境保护主管部门责令停止违法行为,限期采取治理措施消除污染,依照《中华人民共和国水污染防治法》《中华人民共和国固体废物污染环境防治法》的有关规定予以处罚:(一)将畜禽养殖废弃物用作肥料,超出土地消纳能力,造成环境污染的;(二)从事畜禽养殖活动或者畜禽养殖废弃物处理活动,未采取有效措施,导致畜禽养殖废弃物渗出、泄漏的。第四十一条规定:排放畜禽养殖废弃物不符合国家或者地方规定的污染物排放标准或者总量控制指标,或者未经无害化处理直接向环境排放畜禽养殖废弃物的,由县级以上地方人民政府环境保护主管部门责令限期治理,可以处5万元以下的罚款。县级以上地方人民政府环境保护主管部门作出限期治理决定后,应当会同同级人民政府农牧等有关部门对整改措施的落实情况及时进行核查,并向社会公布核查结果。第四十二条规定:未按照规定对染疫畜禽和病害畜禽养殖废弃物进行无害化处理的,由动物卫生监督机构责令无害化处理,所需处理费用由违法行为人承担,可以处3 000元以下的罚款。

《畜禽规模养殖污染防治条例》补充了《中华人民共和国畜牧法》没有明确的内容,具有较强可操作性。2017年国务院办公厅印发《关于加快推进畜禽养殖废物资源化利用的意见》(国办发〔2017〕48号),2018年1月,农业部办公厅印发《畜禽规模养殖场(小区)粪污资源化利用设施建设规范(试行)》。国家频频颁布出台畜禽废弃物资源化利用相关法律政策,这项工作的重要性可见一斑。

## 第二节　国外概况

### 一、美国

为了保护生态环境，减少畜禽养殖粪便对环境的破坏，1999 年美国联邦环保总署和美国联邦农业部（USDA）协商，联合制定了一个种植业和养殖业可持续发展的畜禽粪便综合养分管理计划（CNMP），通过农牧结合解决养殖业环境污染问题。研究开发出了畜禽养殖废弃物运输和利用处理等技术及其设备，开发应用养分管理系统软件，是 CNMP 一个重要并且复杂的工作环节，尤其是氮、钾、磷（N、K、P）等养分的有效利用。

美国政府具有强大的行政支持，严格的实施程序、专业的技术服务和评价体系。另外，美国农业法案（FB）资源保护和环境项目设立了环境质量激励项目（EQIP）为 CNMP 提供资金和专业技术，EQIP 项目 60%资金是用于养殖业的。截至 2012 年，美国实施 CNMB 的养殖场（小区）占到全国的 50%以上，达到 257 201 个养殖场（小区），以中小型规模养殖场（小区）居多。为了有效防止畜牧业污染，美国政府也制定一系列的法律法规，有《联邦水污染法》《可持续的农田和畜牧业饲养场实施法规》《净水法案》等。

美国的生猪养殖场（小区）清粪方式主要采用水泡粪方式，粪尿及污水贮存于猪舍下面的发酵池或转移到舍外专用贮存发酵池直至农田利用；奶牛场主要采取干清粪，清理出的粪便到舍外的专用集粪场堆积发酵，然后进行农田利用；鸡场主要采用机械干清粪，清理出的粪便到舍外堆肥后利用。

### 二、日本

日本由于自然资源条件限制，养殖业多以小规模型经营为主，20 世纪 70 年代因畜禽养殖业造成十分严重的环境污染，日本政府制定了《废弃物处理与消除法》《恶臭防止法》和《防止水污染法》等 7 部相关法律，这 7 部法律对畜禽污染防治、管理做了十分明确的规定。还设立了专门的监察机构，确保政策的实施。

日本政府对畜禽养殖污染治理支持力度较大，对环保处理设施建设给予高额补贴。为防治畜禽养殖业造成的污染，日本政府还制定了鼓励养殖企业保护农田生态环境的相关政策，即畜禽养殖场（小区）的建设环保处理设施费的一半由国家财政补贴，25%由都道府县补贴，农户只负担25%的建设费及其运行费。养殖场（小区）还必须遵守《恶臭防止法》规定，一旦臭气和有害气体超排，影响周围居民生活，必须勒令停产。

**三、加拿大**

加拿大对畜禽养殖场（小区）的申办有着严格的要求，须执行《牧场审批制度》，制度规定必须注明牧场所在的地貌环境条件、离水源的距离、可消纳粪便的土地面积、土壤养分平衡条件、化粪池的标准、病死畜禽处理情况等内容。种植业和养殖业高度结合，通过加强对畜禽养殖场（小区）建设的管理，严格核发生产许可证，控制好污染源头，尽量做到零排放。

加拿大强化对畜禽养殖场（小区）环境污染的技术指导，以《畜禽养殖业环境管理技术规范》作为对畜禽养殖场（小区）在污染防治管理方面的强制性技术文件。一旦发生污染情况，地方政府环保部门将按照《联保渔业法》及本地区有关法律法规进行处罚。

**四、欧洲**

欧洲拥有完善的社会管理系统，畜禽养殖废弃物综合利用多采取种养结合，管理体系形成比较早，芬兰是世界上首个开展畜禽养殖废弃物污染防治立法的国家。近几十年以来，欧盟各成员国相继通过并制定新的环境法律、法规及相关条文规定，规定每公顷土地载畜量标准、畜禽养殖废水农用的限量标准和圈养家畜、家禽密度标准，鼓励农户进行粗放式的畜牧养殖，限制养殖规模的不断扩大。还规定凡是遵守该规定的养殖户可获相应的养殖补贴。

1.丹麦

丹麦法律规定养殖场（小区）必须在中央畜牧管理登记处登记，在新设、扩建或变更畜舍、粪尿及青贮废液贮存设施时必须事先报告，农场家畜存栏量达到500个家畜单位时，如果需要扩量，必须进行环境评估，根据环境评估结果决定是否允许扩量。

丹麦对自然发酵有机肥使用作出了明确规定。自然发酵有机肥施肥必须12个小时内深耕翻埋到土壤中，农业生产施肥时间必须考虑到天气条件，有效规划施放自然发酵有机肥的时间，以避免将自然发酵有机肥施放到冻土、积雪覆盖的土壤，以便保证清洁卫生。

2.英国

英国为了防治畜禽养殖废弃物污染土壤环境，对规模化畜禽养殖场(小区)存栏量上限作了规定，肉牛、肉羊、生猪(种猪)、奶牛和蛋鸡存栏量分别是 1 000 头、1 000 只、3 000 只(100 头)、200 头和 7 000 只。英国政府 1987 年颁布的《水清洁法案》对畜禽养殖废弃物直排污染环境作了明确规定。

3.意大利

意大利畜牧业产值约占农业总产值 35%左右。近年来，意大利牧场生产规模日益扩大。在欧盟对环境要求越来越高的前提下，意大利也面临着畜禽粪污处理的压力，意大利政府规定只有在春季允许粪水才能入田，禁止在秋冬季施洒畜禽粪便、规定畜禽粪便的贮存时间、限定粪肥施用量等，英国和芬兰也是这样规定。

# 第二章　固原市草畜产业发展及畜禽粪污资源化利用概况

## 第一节　固原市草畜产业发展概况

### 一、固原市草畜产业发展历史

固原市是革命老区、民族地区、集中连片的特殊困难地区，地处宁夏南部六盘山核心区，东部、南部分别与甘肃省庆阳市、平凉市为邻，西部与甘肃省白银市相连，北部与本区中卫市、吴忠市接壤。地域范围在北纬35°15′~36°38′，东经105°20′~106°58′之间，是中国西部前景极佳的待开发地区。全市国土面积1.05万$km^2$，总人口154.2万人，其中农业人口125.5万人，占81.4%。回族人口71万人，占总人口的46%，是全国回族主要聚居区之一。固原市自古以来就是牧业发达地区，水草丰美，适宜游牧，“迭置为边塞，亦野旷游牧之所也”。“牛马衔尾，群羊塞道”就是当时的历史写照。

固原市自古以来是牧业发达地区，沃野千里，水草丰美。早在新石器时代，固原市养畜业已经有相当程度的发展，据《固原市志》记载：1986年，北京大学考古系和固原博物馆联合对隆德页河子新石器时代遗址发掘，出土动物骨骼检选鉴定，猪150头，占出土总个数的一半；羊72只，占五分之一；鹿74只，占五分之一；狗52只，占六分之一；牛17头，马6匹。“六畜”已成为养畜业的主体，原始养畜业的兴起，成为农业的重要组成部分。西周以前，宁夏主要居住的西戎部落，他们所居无常，依随水草，地少五谷，以牧为业，“畜牧为天下饶”。春秋时期，宁夏境内的乌氏和义渠等部族均臣属于建都咸阳的秦国，所养骏马、骆驼、驴、骡等大家畜输入中原。西汉时期，宁夏北部地区已由游牧业发展为灌溉农业，南部山区还是以游牧为主的畜牧业。秦汉时期，人们顺天时，量地理，兴水利，开屯田，种树畜长，兴苑广牧，固原地区成为“牛马衔尾，群羊塞道”，“兵食完富”，“饶谷多畜”之地。北魏统一北方后，对宁夏的战略地位非常重视，大力繁殖牛、马、驼、羊。隋朝时宁夏北部为突厥族占领，由于突厥人喜牧，致使熟耕良田再度变为牧场，南部地区的畜牧业主导地位还是未改。唐代宁夏曾是养马中心，唐前期在原州设有官马场，设置都监牧使以司其事，都监牧使由原州刺史兼任，下设65监，其中原州境内就有34监，放养官马10余万匹。隋唐时期，成为西北畜牧业指挥中心，古丝绸之路穿境而过，推动了当地经济社会的发展和中东伊斯兰国家的友好交流往来。牧业的发展具有鲜明的地方特色。西夏王朝更加重视其传统的畜牧业，曾有“畜牧甲天下”之说，朝廷专置群牧司，以专管畜牧业生产和监督，当时的“党项马”“党项牛”驰名中原。宋朝时迫于西域少数民族的威胁，设置“估马市”收购马匹，主要输入西夏等国的马及牛羊等。元朝统一中国后，中原和边疆各少数民族兄弟地区经济都得以发展，宁夏畜牧业生产又有新的提高。但元末的腐败和农民起义使北方地区的大量田园荒芜，牲畜被宰杀食肉，畜牧业生产遭到破坏。明代，朱元璋将固原地区到中卫香山等地的荒草地赐分为四藩王牧地，经营畜牧业，境内除军屯之外，多为藩王所瓜分的牧地，朝廷在固原、灵武设置的养马机构已达“两监七苑”，养马1.4万匹。清代前期，宁夏畜牧业发展水平较高，但随着全国养马中心移向蒙古和新疆，宁夏养马业随之衰退。同时，清朝废除了明代藩王牧地分封制，全部土地实行招民开垦，按亩收租。宁夏南部的河谷川道、山间盆地以及浅山缓坡的草场、林地不断被开垦为农田，牧业经济被种植业取代。自乾隆以后，随着引黄灌区的进一步扩大和南部山区种植业的发展，使以牧为主的宁夏逐渐演变为以农为主的农牧地区，加上畜牧业苛捐杂税重，牲畜疫病流行，畜牧业生产日益凋落。民国时期，固原畜牧业依旧处于原始生产状态，依赖天然草山自由放牧，靠天养畜，战乱不断，生产极不稳定。中华人民共和国成立以来，固原为半农半牧区，畜牧业在农业产值中仅次于种植业而位居第二。自中华人民共和国成立的60多年来，畜牧业发展曲折，大致可分为1949—1957年的恢复发展时期，1957—1978年的波浪式发展时期和1978年以来的持续发展时期。

## 二、固原市草畜产业发展阶段

自 1978—2017 年的 39 年间，固原市草畜产业发展大致可分为两个阶段。

1.波浪式发展时期(1978—2000 年)

1978 年十一届三中全会后,实行改革、开放、搞活以来,放宽了农村经济政策,取消对农民限养、禁养畜禽的规定。1981 年畜牧业在实行农村联产承包责任制的基础上,将集体饲养的牲畜、羊只开始折价保本承包到户,以后又进一步折价归己,由农民家庭私养。国家还调整了各类畜产品的价格,以后又逐步取消统购、派购,放开价格。各级政府增拨支农资金,并采取贴息贷款方式扶持农民特别是“重点户、专业户”以发展牧业,农村改革的深入和农村产业结构的调整,调动了广大养殖户发展养殖的积极性,全区牧业生产恢复了生机，并重新步入发展的轨道。宁夏回族自治区党委、政府针对宁夏山、川区的不同特点,制定了“灌区决不放松粮食生产,积极开展多种经营”,山区“种草种树,兴牧促农,因地制宜,农林牧全面发展”的总方针,对山区还采取了免征牧业税,休养生息等政策,增加了对牧业的投入。与此同时,恢复健全各级畜牧、兽医、草原管理等业务机构,落实知识分子政策,提拔、重用科技人员,振兴畜牧科技,推广先进技术,加强发展对牧业生产的业务管理,为了指导科学养畜,各地采取举办学习班、培训等多种形式,向农民传授畜禽饲养管理、疫病防治等基本知识,开展技术咨询、技术服务等活动。禁止打烧柴、挖药材、滥垦、滥牧等一切破坏草原的行为,人工补播优良牧草,灭除草原毒草及鼠害,改良草场,兴办饲料加工厂,开发和利用饲草饲料资源,引进畜禽良种,选育、改良当地品种,提高畜禽繁殖能力和生产性能,认真贯彻执行“预防为主”的兽医防治方针,坚持以预防猪瘟、鸡新城疫为重点,对其他疫病实行“因病设防”的防治原则。为增产优质畜禽,提高经济效益,根据不同地区资源、社会经济、技术发展状况,全区在“七五”期间规划建设了十大畜牧业商品生产基地,发展适度规模经营,固原建立了肉牛商品生产基地,牧业商品基地的建设使固原畜牧业由产品经济向商品经济迈出了重要的一步,经济效益和社会效益十分显著。1989 年,泾源肉牛基地黄牛饲养量达 25 905 头,出栏 6 566 头,生产牛肉 730 t。所有这些措施的实施及先进科学技术的推广应用,使本地畜牧业在国家“五五”计划至“九五”计划的二十多年间得以持续发展。

1981 年固原地区各县全面实行农村家庭联产承包责任制，极大地调动了农民生产积极性，推动了农业生产的迅速发展；1985—1991 年，乡镇企业异军突起，改革农产品流通体系进一步完善家庭联产承包责任制，一方面，坚持“决不放松粮食生产，放手发动多种经营”的方针，按照市场经济规律，支持和鼓励农民发展农村工业、商业、运输业、建筑业和服务业等非农产业，乡镇企业得到长足发展。另一方面，取消了长达 30 年之久的农产品统派购制度，农产品自由上市、自由交易，市场调节力度加大，在继续发挥国有商业主导作用的同时，鼓励农民进入流通领域，搞活农产品流通，固原集贸市场迅速发展，畜产品流通日益频繁，农业生产逐步迈入市场化轨道，发展了农业社会化服务体系；1992—2000 年，围绕建立社会主义市场经济体制，推进农业产业化经营，建立农村社会化服务体系，1998 年宁夏又制定了《宁夏 1998—2002 年农业产业化发展规划纲要》，确定了对粮食、肉奶、葡萄酿酒、生物制药和水产果菜等六大产业进行产业化经营，固原肉牛产业得到进一步发展。

值得一提的是，固原的黄牛改良工作始于 1978 年，当年建立了 2 个黄牛冷配改良点，当年冷配改良黄牛 25 头，黄牛的改良向役肉兼用、乳肉兼用方向发展，先后引入秦川牛、短角牛、西门塔尔牛，大大加快了黄牛改良步伐，到 2000 年，固原地区年冷配改良母牛达到 1.3 万头。

据统计，1978 年大家畜存栏 182 925 头(其中牛 81 777 头，马 11 472 头，驴 72 174 头)，生猪 133 113 头，羊 640 226 只，1978 年全市牧业产值 1 788.2 万元，占农业总产值的比重 11.41%。到了 2000 年，固原大家畜存栏 348 397 头(其中牛 205 487 头，马 3 515 头，驴 108 500 头)，生猪 228 818 头，羊 299 475 只，畜牧业产值达到 23 529 万元，占农业总产值的比重达 23.05%。

国家“五五”计划期间(1976—1980 年)，固原农业总产值 6.77 亿元，年均增长 7.3%；“六五”期间(1981—1985 年)，固原农业总产值 8.95 亿元，年均增长 7.4%；“七五”期间(1986—1990 年)，固原农业总产值 14.20 亿元，年均增长 13.7%；“八五”期间(1991—1995 年)，固原农业总产值 30.92 亿元，年均增长 14.1%；“九五”期间(1996—2000 年)，固原农业总产值 57.40

亿元,年均增长 4.3%。

2.规模化发展时期(2001—2017 年)

宁夏制定实施《宁夏优势特色农产品区域布局及发展规划(2003—2007 年)》以来,各地、各有关部门围绕构建引黄灌区现代农业、中部干旱带旱作节水农业和南部山区生态农业“三大区域”产业体系,强力推进特色优势产业扩量提质增效。全区基本形成特色优势产业区域化布局、专业化生产、规模化发展、产业化经营的新格局。

2003 年 5 月 1 日,宁夏党委、政府做出了关于全面禁牧封育和大力发展草畜产业的重大部署,截至 2006 年年底,全区天然草原产草量比禁牧前平均提高 30%,荒漠草原和干草原植被盖度分别提高 30%和 50%,以紫花苜蓿为主的多年生牧草留床面积由禁牧前的 380 万亩增加到 600 万亩,一年生牧草种植由 50 多万亩增加到 200 万亩,羊只饲养量增长 15%,草原围栏 1 810 万亩,完成退化草原补播改良 135 万亩。全区草原生态恶化趋势得到有效遏制,草原生态系统得以休养生息,草原植被恢复成效显著,生态建设和草畜产业开始步入良性发展轨道,呈现出强劲的发展势头,为促进农业增效、农民增收和社会主义新农村建设奠定了坚实的基础。但也必须看到,宁夏特色优势产业发展规模总体偏小,集中度不高,市场配置资源的基础性作用尚未得到充分发挥;农业科技创新水平低,支撑能力不强,产业发展方式较为粗放;农产品加工转化能力较低,产业链短,缺乏强势龙头企业的带动;市场化程度低,农产品市场流通体系不健全,大流通的局面尚未形成;农业生产组织化程度低,小生产与大市场的矛盾比较突出;品牌培育滞后,靠品牌开发市场的力度不够;农业投融资渠道单一,风险防范机制不健全,产业发展缺乏必要的金融支持。为认真贯彻落实党的十七届三中全会和宁夏第十次党代会精神,根据宁夏党委、政府提出的“加快构建特色农业新体系、力促设施农业新发展、推动产业化经营新突破、增强农业装备新实力”重大部署和“一个产业一个规划”的要求和农业部《全国优势农产品区域布局规划(2008—2015 年)》,制定了《宁夏农业特色优势产业发展规划(2008—2012 年)》。规划的战略性主导产业——清真牛羊肉产业,基本形成以引黄灌区肉牛肉羊杂交改良区、中部干旱带滩羊生产区和六盘山麓肉牛生产区构成的产业带。积极引进国内外良种牛羊种质资源,健全杂交改良和纯真繁育体系,加快滩羊保护性开发;加强饲草调制和高效饲养技术推广应用,逐步实现牛羊肉标准化、规模化生产;提高养殖效益,增加农民收入,保障市场供给;大力培育强势龙头企业,打造特色名牌产品。

固原自撤地设市以来,宁夏党委、政府高度重视固原市草畜产业的发展,宁夏农牧厅把固原市肉牛产业列入《宁夏优势特色农产品区域布局及发展规划》,制定完善了关于《推进特色优势产业发展的政策意见》和《加快推进宁南山区草畜产业发展的意见》,明确了政策扶持的内容、办法、标准和机制,为固原市草畜产业发展提供了优惠政策和资金支持。

特别自"十一五"以来,宁夏将固原市确定为六盘山肉牛产业核心区,启动实施了一系列肉牛产业项目,进一步加大政策扶持和资金投入力度,加快了以肉牛养殖为主的草畜产业发展步伐。固原市委、市政府紧紧围绕加快转变畜牧业发展方式"这一主线";着力构建和完善畜产品标准化生产和畜产品质量安全保障"两大体系";夯实多元化饲草基地、畜牧基础设施建设和良种基础母牛扩繁与保护"三大基础";主推品种改良、饲草加工调制、标准化规模养殖和高档肉牛生产"四项技术";抓实畜牧业各项扶持政策的落实、畜禽养殖标准化示范创建、市场营销、专业合作组织功能完善和动物疫病防控"五个环节";实现由传统畜牧业向现代畜牧业、分散养殖向规模化养殖、粗放管理向科学化管理、单一模式向合作化模式、初级产品销售向品牌化销售和零散经营向产业化经营"六个转化"。通过项目带动和政府强力推动,饲养总量全面扩大,畜牧基础设施逐步改善,多元化饲草基地基本形成,肉牛科技养殖水平不断提升,肉牛良种化程度显著提高,产品营销向市场化方向发展,科技示范带动作用明显增强。

### 三、固原市草畜产业发展条件

1.有独特的气候特点

固原市地处我国黄土高原的西北边缘,位于宁夏南部六盘山区,被誉为黄土高原上的"绿岛"和避暑胜地,因其"灵植遍山"的生态环境和"冬无严寒,夏无酷暑"的独特气候,为肉牛生长提供了得天独厚的气候环境,境内以六盘山为南北脊柱,将全市分为东西两壁,呈南高北低之势,平均海拔1 248~2 945 m。固原市属温带大陆性季风气候,具有春迟、夏短、秋早、冬长的特点,无霜期100~140 d,日照时数1 400~1 800 h,年降水量350~650 mm,由南到北、由东到西逐步递减。南部地区日平均气温4~8℃,≥10℃有效积温1 500~3 600℃,热能不足,被国际粮农组织认定为最适宜发展优质肉牛养殖区域之一；受六盘山地形影响和水林涵养作用，每年6~9月降水量丰富,对当地畜牧业发展提供了便利,自古以来是个“风吹草低见牛羊”的传统牧区,肉牛养殖成为当地群众的支柱产业。北部的固原平原气候较为干旱,积温较高,在实施固海“扬黄灌溉工程”后,当地万亩良田可以利用黄河水的灌溉,成为宁南山区的“小粮仓”,丰富的农作物秸秆资源为以肉牛养殖的畜牧业提供了饲草基础。

2.有便利的交通优势

固原市地处西安(340 km)、兰州(335 km)、银川(330 km)三城中心地带,是全国179个公路交通枢纽之一,也是宁夏“十二五”规划确定的九大物流基地之一。近年来,随着国家西部大开发战略的深入推进,固原市在区域经济发展的优势进一步凸显,处在四大国家级经济区的衔接点,北有呼包银经济区、宁夏沿黄经济区,西有兰西格经济区,东南有关天经济区。在四大经济区融合发展中,固原有条件成为重要支撑点和发展极。六盘山机场的启用,中宝铁路、福银高速公路、312和309国道、101和203省道形成了立体式交通网络,为固原市发展外向型经济奠定了基础。

3.有充足的多元化饲草料资源

2002年退耕还林(草)工程在固原市全面启动。十多年来,全市完成退耕还林(草)和荒山造林466.1万亩,其中退耕地造林254.2万亩,宜林荒山荒地造林211.9万亩,建设生态示范区548万亩。有天然草原349.4万亩,天然草原植被覆盖率由2002年的43%~61%提高到64%~88%，平均产草量由69 kg/亩上升到118 kg/亩,草地生产力提高了近2倍;引进国内外30多种优良牧草品种,初步筛选出适宜当地种植的宁苜1号、中苜1号等苜蓿品种。2015年以紫花苜蓿为主的优质牧草留床面积达到300万亩(每年补播更新约30万亩),种植一年生禾草100万亩、地膜玉米播种面积120万亩(其中青贮玉米15万亩),加上农作物秸秆、地埂林草和生态移民迁出区种草转化,年产各类饲草55亿kg、饲草总容畜量达1 000万个羊单位,为生态型畜牧业发展提供了丰富的饲草料资源。

4.有坚强的组织保障

固原市按照中央和宁夏党委、政府把宁南山区建成引领西北、示范周边、面向全国的生态农业示范区要求，始终将草畜产业发展当做一项长期战略任务来抓，制定了《固原市草畜产业“十三五”扶贫发展规划》《固原市扶持农业特色优势产业发展的政策意见》，以建立“百万头肉牛养殖基地”为目标，每年安排 1 000 万元项目资金倾斜扶持草畜产业，将肉牛养殖作为支柱产业给予重点扶持。出台了优惠政策，加大信贷规模及贷款贴息政策，重点支持肉牛集中育肥场、开展“家庭牧场”和专业养殖大户；鼓励和扶持肉牛养殖户繁育良种肉牛、实施“见犊补母”“小母牛计划”等良种母牛补偿机制；加强动物疫病防控体系建设，保障畜产品质量安全；放宽土地使用政策，鼓励农民利用生态移民迁出区耕地、撂荒地种植优质牧草，发展特色肉牛养殖。以保护发展良种基础母牛为关键环节，推进基础母牛建档立卡和信息化管理建设，以提高饲草种植加工调制为抓手，成立肉牛养殖融资担保基金，加大信贷扶持力度，夯实产业基础、突破发展瓶颈、提升产业层次，全力打造固原市草畜产业快速发展的“升级版”。市、县区农牧局、人才办、科技局、扶贫办及移民办等各部门结合工作实际每年制定畜牧业发展计划、落实项目资金、推广实用技术、开展技术培训，为固原黄牛产业发展提供了组织保障。

5.有强力的科技支撑

固原市利用和发挥科技优势，积极与有关科研院所、大专院校进行联系和技术合作，寻找技术支撑。与中国农业大学、西北大学等农业类院校主要开展高档肉牛生产配套技术与产业化机制研究。宁夏大学、宁夏农科院就动物育种繁殖、动物营养与饲料理论与实践方法的创新及畜禽疾病等进行研究，为肉牛生产和畜禽疾病防治提供技术支撑。宁夏畜牧工作站、草原站主要开展草原保护与建设，饲草饲料种植、收获、加工、调制、畜禽饲养管理、疫病防治、繁育改良、技术标准的编制等，为固原市乃至全自治区提供技术支持。固原市建立健全了四级畜牧推广体系（站），充分利用现有的科技成果，积极通过推广示范转化为生产力。良种肉牛繁育技术、高档肉牛生产配套技术与产业化机制的创新提高了肉牛良种繁育水平和生产水平，促进了肉牛生产基地规范化、模式化、标准化饲养体系的建立。同时，固原市建立了基础母牛信息管理平台，通过对全市基础母牛佩戴电子耳标,实行“一牛一标”在线动态管理,对全市良种基础母牛实施“见犊补母”补贴,加快了基础母牛扩繁补栏步伐。固原市整合各部门力量为肉牛产业发展服务,充分发挥肉牛协会等中介组织桥梁纽带作用,对肉牛饲养、牛肉加工、质量监测等环节提供技术服务,并建立情报信息网站,为企业和肉牛饲养者提供相关信息服务。在金融贷款投资方面,农业发展银行、农村信用合作社在政府政策引导下,积极提供信贷支持,辅助政府部门设立畜牧业发展专项贷款，对畜牧业标准化基地和产业化龙头建设予以信贷支持，对农户发展肉牛予以贴息支持。

6.有坚实的物质基础

固原市坚持畜牧业发展与保护并重新理念，以百万头肉牛养殖基地发展为目标,以基础母牛信息化平台建设为抓手,着力抓好饲草基地、基础母畜和养殖圈舍三个重点,提升特色牛羊肉加工、品牌两个层次,打造“固原黄牛”养殖基地、高档肉牛繁育基地,积极推进“百万头肉牛出六盘”,做好动物疫病防控和卫生监督,加快优质肉牛引进与改良步伐,大力推广标准化养殖和高档牛肉开发生产等技术,强力推进“特色牛羊肉产业集群”扩量提质增效。

7.有稳定的市场营销

全市注册登记备案的畜牧业专业合作组织 373 个,入社(会)员总数达 1.7 万人,占全市农民的 5.8%。带动农户 5.1 万人。具有一定规模的肉类加工企业 9 家,年加工能力 4 万 t,产品销往北京、上海、广州、西安等大中城市并出口中东伊斯兰国家。市场化、品牌化步伐加快,宁夏六盘山、单家集、三营镇、古城镇等活畜交易市场日交易量均在 300~500 头之间,已成为宁南山区乃至陕甘宁地区活畜交易集散地。宁夏是全国唯一的回族自治区,发展特色食品优势明显。近年来,固原市“固原黄牛”品牌肉牛其产品出口方向主要是中国香港地区,少量远销东南亚、西亚等国家。随着国家将银川市列为“中阿经贸论坛”永久性会址后,为区内外各民族与中东国家人民相互交流搭建了平台,也为固原市优质“固原黄牛”肉牛打向世界奠定了基础,固原市必将与国际接轨,当地生产的“固原黄牛”品牌牛肉产品必将进一步满足国际市场的需求。固原市正通过“走出去,引进来”的发展思路,借助肉牛龙头企业的品牌效应及资源优势等条件，通过建立产业一体化发展模式，促进同类企业竞相创新、降低成本、提高产品质量和服务、开拓市场、提高技术管理水平等进行品牌集中整合，形成地理上的集聚。

8. 有明确的畜禽养殖粪污处理办法

认真学习贯彻落实习近平总书记生态文明思想，把畜禽养殖废弃物资源化利用工作作为打好生态环境保卫战、建设“全国生态文明示范市”的重要工作之一，坚定不移走“生态优先、富民为本、绿色发展”的路子。以固原市五河流域为重点，以“2 表 1 图 1 方案”即：分年度推进计划表、依法依规须关闭搬迁或新改造畜禽粪污收集处理利用设施的明细表；禁养、限养和宜养区标识地图；工作推进方案的形式，全面完成全市畜禽养殖禁养区划定工作。制定了《固原市加快推进畜禽养殖废弃物资源化利用工作的实施方案（2017—2020 年）》《固原市畜禽养殖废弃物资源化利用工作方案》和《固原市畜禽养殖废弃物资源化利用推荐技术模式指南》等，成立畜禽养殖废弃物资源化利用工作专项督查组，定期或不定期的督导检查该项工作，进一步压实责任，推进工作落实，全面落实规模养殖场（小区）主体责任，明确职责，细化任务，将具体措施落实到部门、到具体负责人。鼓励规模养殖场（小区）实施技术改造，更新养殖设备，改进养殖工艺，积极探索建设机械化生产、自动化控制、智能化管理和资源化利用设施，提高标准化生产水平。充分调动社会资金参与，重点支持粪污综合利用设施、有机肥厂建设及使用等，把畜禽养殖粪污运输、收集、处理、利用相关设备纳入农机购置补贴范围；对有机肥生产、大型沼气和生物天然气工程、集中处理中心建设等设施用地提高占比和规模上限。在畜禽粪污以覆土堆积厌氧发酵还田传统利用的基础上，积极示范推广“三改两分三防再利用”即：改水冲粪为干清粪、改无限用水为控制用水、改明沟排污为暗沟排污，固液分离、雨污分流，贮存设施防渗、防雨、防溢流，粪污无害化处理后资源化再利用的粪污处理方式。要求规模养殖场（小区）要提高规模养殖场（小区）设施设备配套率，建立规范化畜禽养殖工作台账，做到账实相符，积极争取粪污资源化利用项目，对有条件的养殖场（小区）推广有机肥生产技术或实施种养循环一体化项目，建议财政以“以奖代补”的形式帮助企业完成有机肥场基础设施建设。

9.有“一带一路”倡议、革命老区发展和扶贫攻坚的需要

固原市既是古丝绸之路东段北道必经之地，也是革命老区，更是全国14个集中连片特殊贫困地区之一，素有“苦瘠甲天下”之称，这里的人民勤劳憨厚，固原是国家确定的精准扶贫重点地区之一。固原自古以来，也是牧业发达地区，沃野千里，水草丰美，秦汉时期，土宜产牧，牛马衔尾，群羊塞道；隋唐时期，成为西北畜牧业指挥中心，古丝绸之路穿境而过，推动了当地经济社会的发展和中东国家的友好交流往来。1935年10月，毛泽东带领中国工农红军翻越了长征最后一座大山，豪情满怀地写下了一首《清平乐·六盘山》壮丽诗篇，使中国革命从胜利走向胜利，掀开了固原经济社会发展的新篇章。随着国家“一带一路”发展倡议和扶贫攻坚工程的实施，固原市紧紧抓住发展机遇，立足资源禀赋，发挥人文优势，加快经济发展。“十二五”期间，固原市贫困人口由50.1万人下降到26.7万人，贫困发生率由32.8%下降到17.9%，农民人均可支配收入由3 477元增长到7002元，扶贫工作取得了显著成效，固原市作为宁夏唯一的全域贫困市，现在依然还有26.7万贫困人口，占全区贫困人口的46%，贫困村435个，占全区贫困村的54.3%。特别是在经济下行压力加大的背景下，固原市也面临着就业和增收难度增大，已经脱贫的农户有可能再次返贫以及贫困户长期实现稳定脱贫难度大等现实困难。“十三五”时期是固原市打赢脱贫攻坚战，全面建成小康社会的决战决胜期，为确保2018年实现贫困人口脱贫、贫困县全部摘帽目标，固原市委、市政府审时度势，认真贯彻落实创新、协调、绿色、开放、共享五大发展理念，全面制定固原市“十三五”扶贫攻坚规划，实施产业提质增效工程，把产业发展作为增加城乡居民收入的主要来源，在全市重点实施“3+X”产业发展模式。“3”即在全市范围内发展草畜产业、林下经济和全域旅游，“X”即各县（区）根据实际自主选择发展马铃薯、冷凉蔬菜、中药材、小杂粮等产业。加强农业科技成果推广和农民培训，积极培育新型农业经营主体，培育农产品加工销售龙头企业，培育和扩大稳定的目标市场，打响六盘山生态农产品品牌。

## 四、固原市主导产业——肉牛业生产概况

1.固原市肉牛业生产现状

宁夏回族自治区固原市是回族聚居的地区，向来具有养殖肉牛和食

用牛肉的习惯。近年来,随着经济社会的进步和人民生活水平的提高,对牛肉的消费需求越来越大,从而促进了肉牛业的发展。牛肉蛋白质含量高,氨基酸的组成比猪肉更接近人体需求,而脂肪含量低,味道鲜美,故而享有“肉中骄子”的美称。因此,肉牛业已是固原市经济发展和农民脱贫致富的主要支柱产业。

随着农业产业结构的调整，肉牛的产出地域出现了由牧区和半牧区向农区的转移,固原市的农业结构也发生改变,由原来的以种植业为主,养殖业为辅,转变为以种植业为养殖业服务,种养结合的农业发展模式。其中肉牛业发展最快，从 2002—2017 年，肉牛年初存栏总量和出栏量分别从 21.53 万头和 8.49 万头增长到 43.78 万头和 32.49 万头,分别增长 22.25 万头和 24.00 万头,年均增长率分别达到 4.85%和 9.36%;出栏率 2017 年是 2002 年的 1.88 倍。(见表 2-1)

**表 2-1　固原市 2002-2017 年肉牛饲养情况**

| 年　份 | 年初存栏总量/万头 | 出栏量/万头 | 出栏率/% |
| --- | --- | --- | --- |
| 2002 | 21.53 | 8.49 | 39.43 |
| 2003 | 22.65 | 8.40 | 37.09 |
| 2004 | 25.13 | 10.06 | 40.03 |
| 2005 | 30.30 | 11.94 | 39.41 |
| 2006 | 34.49 | 15.11 | 43.81 |
| 2007 | 41.23 | 19.68 | 47.73 |
| 2008 | 37.63 | 20.00 | 53.15 |
| 2009 | 34.09 | 21.75 | 63.80 |
| 2010 | 35.90 | 22.44 | 62.51 |
| 2011 | 36.56 | 23.15 | 63.32 |
| 2012 | 36.23 | 25.15 | 69.42 |
| 2013 | 37.31 | 26.88 | 72.05 |
| 2014 | 36.06 | 27.10 | 75.15 |

续表

| 年 份 | 年初存栏总量/万头 | 出栏量/万头 | 出栏率/% |
|---|---|---|---|
| 2015 | 39.53 | 29.96 | 75.79 |
| 2016 | 42.58 | 31.69 | 74.42 |
| 2017 | 43.78 | 32.49 | 74.21 |

注:根据历年固原统计年鉴,固原经济要情手册整理。

固原市肉类总产量2017年是2002年的2.43倍,牛肉产量2017年比2002年提高了4.84倍。由于固原市牛肉缺少地方品牌,外销内购都比较少,牛肉的人均消费量基本上与人均占有量相当,2002年牛肉的人均消费量6.81kg/(人·a),2017年是33.17kg/(人·a),增长了4.87倍。(见表2-2、表2-3)

**表2-2 固原市牛肉及其他肉产量和增长情况**

单位:万t

| 年 份 | 肉类总量 | 牛肉 | 羊肉 | 猪肉 | 禽肉 |
|---|---|---|---|---|---|
| 2002 | 3.76 | 1.03 | 0.42 | 1.50 | 0.21 |
| 2003 | 4.82 | 1.00 | 0.72 | 1.73 | 0.13 |
| 2004 | 4.35 | 1.23 | 0.83 | 1.57 | 0.17 |
| 2005 | 4.22 | 1.54 | 0.90 | 1.52 | 0.21 |
| 2006 | 4.87 | 1.96 | 0.99 | 1.61 | 0.23 |
| 2007 | 5.86 | 2.59 | 1.14 | 1.76 | 0.26 |
| 2008 | 5.96 | 2.86 | 1.12 | 1.54 | 0.28 |
| 2009 | 6.56 | 3.11 | 1.23 | 1.71 | 0.34 |
| 2010 | 6.97 | 3.24 | 1.28 | 1.82 | 0.35 |
| 2011 | 6.92 | 3.33 | 1.36 | 1.59 | 0.34 |
| 2012 | 7.09 | 3.50 | 1.38 | 1.54 | 0.46 |
| 2013 | 7.42 | 3.94 | 1.55 | 1.48 | 0.45 |
| 2014 | 7.98 | 4.05 | 1.65 | 1.64 | 0.47 |
| 2015 | 8.36 | 4.52 | 1.83 | 1.48 | 0.34 |
| 2016 | 8.89 | 4.84 | 1.96 | 1.48 | 0.38 |
| 2017 | 9.12 | 4.99 | 1.99 | 1.44 | 0.43 |

注:根据历年固原统计年鉴、固原经济要情手册整理。

表 2-3 固原市牛肉与其他肉类产品人均占有量

单位:kg/人

| 年 份 | 肉类 | 牛肉 | 羊肉 | 猪肉 | 禽肉 |
|---|---|---|---|---|---|
| 2002 | 20.81 | 6.81 | 2.78 | 9.87 | 1.35 |
| 2003 | 23.82 | 6.64 | 4.76 | 11.53 | 0.89 |
| 2004 | 25.07 | 8.10 | 5.49 | 10.37 | 1.11 |
| 2005 | 28.02 | 10.33 | 6.03 | 10.23 | 1.43 |
| 2006 | 31.67 | 12.96 | 6.56 | 10.64 | 1.51 |
| 2007 | 37.42 | 16.86 | 7.44 | 11.42 | 1.70 |
| 2008 | 39.15 | 19.30 | 7.55 | 10.40 | 1.90 |
| 2009 | 42.53 | 20.70 | 8.18 | 11.41 | 2.25 |
| 2010 | 43.90 | 21.24 | 8.39 | 11.96 | 2.30 |
| 2011 | 42.67 | 21.46 | 8.76 | 10.22 | 2.22 |
| 2012 | 44.55 | 22.71 | 8.93 | 9.96 | 2.95 |
| 2013 | 48.10 | 25.52 | 10.06 | 9.59 | 2.93 |
| 2014 | 50.95 | 26.41 | 10.79 | 10.70 | 3.06 |
| 2015 | 54.57 | 30.21 | 12.22 | 9.85 | 2.28 |
| 2016 | 57.70 | 32.28 | 13.07 | 9.86 | 2.50 |
| 2017 | 58.85 | 33.17 | 13.24 | 9.59 | 2.85 |

注:根据历年固原统计年鉴、固原经济要情手册整理。

2.固原市肉牛业发展的制约因素及应对措施

(1)肉牛产业发展的制约因素

①生产方式滞后，经济效益低下。肉牛的发展受传统养殖观念的束缚,肉牛养殖模式以“规模小、散户多、效益低”为主,集约化养殖程度不高,多数农户养殖 1~5 头,个别农户养殖十几头或几十头,基础设施条件差,养殖方式落后,机械投入较少,规模化程度低,抵御市场风险能力弱。现代畜牧业新技术推广科技入户率低,主推技术普及率不高,肉牛养殖模式跨越式发展困难。养殖户的饲养方式以传统粗放式经营为主,饲养方式与管理技术、快速育肥技术、常见疫病预防及防治技术知识匮乏。导

致肉牛消化系统、呼吸系统和生殖系统疾病的频发，育肥牛生长缓慢，饲草料资源浪费。肉牛养殖户对牛源的选择、体尺的测定、生产性能和牛肉等级评定等知识缺少，故在肉牛饲养、育肥和出售过程中经济利益的提高存在困难。

②饲料供给不均，调制利用有限。一年生禾本科牧草和玉米秸秆的青贮、黄贮、微贮和氨化等秸秆加工调制技术受群众饲养条件和养殖规模的限制，目前“三贮一化”散养户入户率不高。燕麦、苜蓿和草高粱等牧草现割现喂的比较普遍，调制率不高，导致饲草料季节性供应不平衡。饲料加工机械投入较少，饲料原料不经过破碎、压片和膨化等处理直接饲喂现象普遍，饲料营养利用率不高，投料经济效益不佳，造成饲草料间接浪费。

③产品加工局限，龙头企业较弱。首先，全固原市16个定点屠宰场中，6个因设施设备落后、经营管理不善停业，10个正在运行的定点屠宰场加工企业生产的产品多数是初级产品，加工量很低，附加值低，品牌效应不明显，高附加值产品更少，肉产品深加工一直是固原市肉牛业发展瓶颈；其次，肉产品的生产、加工和销售各环节利益衔接不紧密，关联度差，养殖户与屠宰加工企业之间尚未形成“利益共享、风险共担”的利益连接机制；最后，肉产品的产前、产中、产后服务滞后，加工和营销环节薄弱，缺乏养殖户和市场的互动、深化加工能力和技术不够、能够真正意义带动肉牛业发展的龙头企业还没有形成。

④“杀青弑母”，产业发展后劲不足。受市场活牛价格持续上涨的影响，全国肉牛存出栏不断下降，基础母牛存栏率也持续下降。经过“见犊补母”惠农政策的实施，对巩固、扩大良种基础母牛群起到积极作用，但饲养基础母牛比饲养育肥牛的成本高、战线长和收益低，受到市场经济利益的驱使，不少养殖大户更喜欢养殖育肥牛，甚至个别牛贩子为了追求高利润，直接将母牛育肥出栏屠宰，“杀青弑母”现象频发。长此以往，导致牛源更趋紧张，将影响整个肉牛业发展。

(2)发展肉牛规模化养殖的对策

①转变发展方式。努力转变畜牧业发展方式，由散户养殖向适度规模养殖转变。加大惠农政策扶持力度，培育大户，不断提高规模经营在畜牧业生产中的比重。转变人畜混居的养殖模式，逐步过渡到养殖场(小区)饲

养模式。依托养殖场(小区)养殖解决规模发展问题和粪污资源化利用问题。引导养殖户改变“拉长线”粗放的养殖方式,逐渐利用直线快速育肥的畜牧新技术,缩短饲养周期,提高经济效益。打造自己的肉产品品牌,利用品牌效应。养殖户要依托龙头企业,统一养殖标准,统一生产方式,走品牌效应的养殖之路。

②抓住冷配改良。立足国内优秀地方肉牛品种资源,科学引进国外优良品种,以提高个体生产性能和肉质品质为目标。加快推进地方品种改良,拓宽肉牛人工授精技术推广范围,肉牛品种改良技术路线有两条,第一条路线,以西门塔尔牛为父本,以当地黄牛或其杂交牛为母本实施杂交改良,建立生产普通牛肉的基础母牛群和育肥牛群,走肉品商品化生产之路;第二条路线,以安格斯牛为父本,以秦川牛为母本,选择养殖基础条件较好的部分区域实施冷配改良,走高档牛肉生产之路,进军高端牛肉市场。

③加大良种基础母牛保护。建立健全良种繁育体系,加强基础母牛扩量和提质,建立相对稳固的良种基础母牛群。完善能繁基础母牛补贴政策,按照“见犊补母”的惠农政策,对辖区母牛养殖户和规模养殖场(小区)能繁基础母牛实施补贴,对有犊牛出生的养殖户,一次性给予补贴500元/头·年。“见犊补母”惠农政策的实施要求做到四点:①见能繁基础母牛;②见新出生犊牛;③见电子耳标;④见张榜公示。按照公开、公平、公正的原则兑现补贴资金,接受养殖户之间的相互监督。

④夯实饲草基地。在调整种植业结构的基础上,牧草种植方面,确保以紫花苜蓿为主的多年生牧草留床面积稳定在300万亩,保持以甜高粱、大燕麦等为主的一年生禾草种植面积稳定在100万亩以上。饲草调制方面,实施苜蓿适时收割及包膜青贮技术,加大全株玉米青贮、秸秆黄贮、微贮、氨化技术推广力度,实现饲草由地上堆放转变为地下贮化。饲草种子方面,引进适合当地气候条件的苜蓿、青贮玉米和大燕麦等新品种,要求品种要优化,单产要提高,质量要保障,优化种植结构,加大种植面积,同时要充分利用当地其他农作物秸秆、山野草和林间草,实现多元化饲草种植和多样化饲草有效供给。

## 五、固原市肉牛业发展形势分析

1.肉牛存出栏变化形势

2002—2007 年,肉牛年初存栏总量和出栏量均呈现增长态势,2007—2009 年肉牛年初存栏量出现了下降,2009—2014 年肉牛年初存栏总量趋于 35 万头的波动变化,2014—2017 肉牛年初存栏总量又出现增长趋势;出栏量自 2007—2017 年均呈现缓慢增长态势。从图 2-1 可以看出,固原市肉牛年初存栏总量经过 2009—2014 年平稳过渡后,又迎来了一个快速发展的阶段。究其缘由,可以概况为以下两点,第一是因为国家"见犊补母"惠农政策的落实,刺激了养殖户的养殖信心;第二是因为国家精准扶贫政策的落实,产业扶贫带动养殖户在肉牛养殖方面的投入。

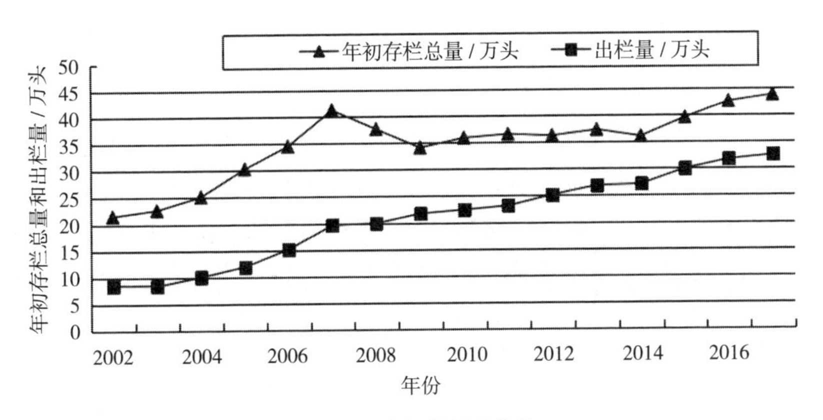


图 2-1 肉牛饲养量变化情况

2.牛肉产量变化形势

2002—2017 年,牛肉、羊肉、猪肉和禽肉年产量年均增长率分别为 11.09%、10.93%、-0.27%、4.89%,牛肉年均增长比羊肉、猪肉、禽肉要大(见图 2-2)。较高的牛肉产量增长速度反映出固原市牛肉市场没有饱和,人们对牛肉的需求空间较大,发展肉牛业仍有经济效益,同时也要防止在眼前经济利益的驱使下发生"杀母弑青"。

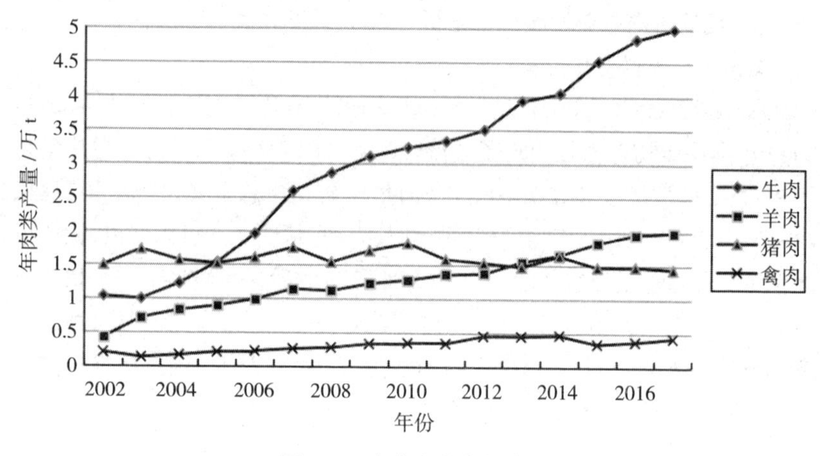


图 2-2 牛肉生产变化情况

3.牛肉消费结构变化形势

随着经济社会的发展，人均纯收入的增加，养殖户生活水平的提高，固原市人民营养结构也发生了极大的变化。2002 年，猪肉消费量占总肉类消费总量的 47%，牛肉占 33%，猪肉是人们肉食品的主要来源；到 2017 年猪肉消费量占总肉类消费总量的 16%，下降了 31 个百分点，而牛肉消费量占总肉类消费总量的 56%，提高了 23 个百分点(见图 2-3、图 2-4)。在这期间羊肉和禽肉的消费变化不大。从肉类消费结构的变化形势来看，固原市人民的膳食更喜食营养价值较高的牛肉，这种变化对推动固原市肉牛业发展具有积极作用。

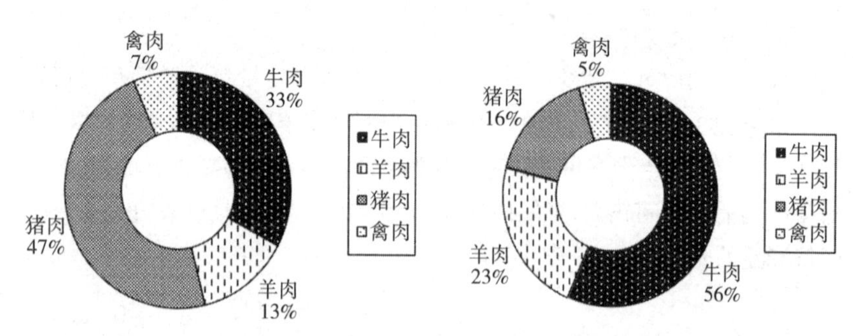


图 2-3 2002 年肉类消费结构　　图 2-4 2017 年肉类消费结构

### 六、固原市2017年肉牛粪污处理利用情况

2017年，肉牛存栏量以年初肉牛存栏量43.78万头计，体重以平均400 kg/头计，每头牛每天粪便和尿液产生量按照21~24 kg计算，全年肉牛粪尿产生量为335.57万~383.51万t，占到全市畜禽粪污综合排放664.1万t的50.53%~57.75%，固原市的畜禽粪污中一半以上是肉牛养殖过程中产生的，要想搞好全市的畜禽养殖粪污处理工作，首先是搞好肉牛养殖产生的粪污处理工作，符合宁夏标准的150家备案规模养殖场(小区)粪污综合排放22.13万t，综合利用20.71万t，综合利用率达到93.58%，设备配套率达到89.33%。但是散户肉牛养殖粪污处理一直都是全市粪污资源化利用工作的难点，群体分散，规模较小，粪污处理技术推广使用程度不高，处理后的粪肥质量不一，能否达到国家相关规定，有待进一步研究。散养户的粪污处理仍是现在和将来粪污资源化利用工作的重头戏。

## 第二节　固原市畜禽粪污资源化利用概况

固原市是个农区，传统畜牧业主要是以养殖户散养为主，其主要特点是规模小、数量少、饲养方式粗放，养殖废弃物相对较少，而且不集中。多年来，畜禽废弃物的处理方式主要是经过盖土堆积自然发酵后以农家肥的形式施用，西北地区土地贫瘠，农家肥对提高土壤肥力，改良土壤理化性质和增加农作物产量都能起到很好的作用，畜禽粪尿一直是农民农家肥的主要来源，分散施用。

### 一、现状及意义

1.现状

(1)政策落实方面　固原市各县(区)均把畜禽粪污资源化利用列入部门效能目标管理考核内容，并与各类畜牧、环保资金安排相挂钩，以奖促治。为加快推进畜禽养殖废弃物资源化利用，促进畜牧业绿色可持续发展，根据《国务院办公厅关于加快推进畜禽养殖废弃物资源化利用的意见》(国办发〔2017〕48号)，结合《宁夏回族自治区加快推进畜禽养殖废弃物资源化利用工作方案(2017—2020年)》(宁政办发〔2017〕202号)，制定了《固原市加快推进畜禽养殖废弃物资源化利用工作的实施方案(2017—2020

年)》《固原市畜禽粪污资源化利用整改方案》《固原市畜禽养殖废弃物资源化利用工作方案》和《固原市畜禽养殖废弃物资源化利用推荐技术模式指南》等文件,逐级签订责任书,成立畜禽养殖废弃物资源化利用工作专项督查组,定期对畜禽养殖粪污处理情况进行督查,对督查不合格的养殖场(小区)下责令限时整改、立查立改,确保不污染周边环境。建立问题整改落实调度、通报、销号工作机制,对畜禽养殖废弃物资源化利用工作跟踪督办落实,对全市工作进展情况进行了全面细致地专项督查。全面落实规模养殖场(小区)主体责任,明确职责,细化任务,将具体措施落实到县(区)、到部门(单位)、到具体负责人。鼓励规模养殖场(小区)实施技术改造,更新养殖设备,改进养殖工艺,积极探索建设机械化生产、自动化控制、智能化管理和资源化利用设施,提高标准化生产水平。各县(区)充分调动社会资金参与,重点支持粪污综合利用设施、有机肥厂建设及使用等,把畜禽养殖粪污运输、收集、处理、利用相关设备纳入县(区)农机购置补贴范围;对有机肥生产、大型沼气和生物天然气工程、集中处理中心建设等设施用地提高占比和规模上限。在畜禽粪污以覆土堆积厌氧发酵还田传统利用的基础上,积极示范推广“三改、两分、三防再利用”(即改水冲粪为干清粪、改无限用水为控制用水、改明沟排污为暗沟排污,固液分离、雨污分流,贮存设施防渗、防雨、防溢流,粪污无害化处理后资源化再利用)粪污处理方式。

(2)资金投入方面　全市两年累计投资 3 283.86 万元(其中 2017 年度投入 1 545.56 万元,2018 年至今投入 1 738.3 万元),支持畜禽集粪场、三级沉淀池建设,购买配套专业吸粪车,新建有机肥场等基础设施建设。2017 年整合涉农资金 240 万元,建设堆粪场 40 个,2018 年整合涉农资金 120 万元支持建设堆粪场 20 个,在每家规模养殖场(小区)建设 200 $m^2$ 以上干粪堆积场 1 个,10 $m^3$ 以上粪污存贮池 1 个,实现了畜禽规模养殖场(小区)粪污处理设施装备全覆盖;安排农业产业扶贫项目资金 330 万元,建设年加工 1 万 t 的畜禽粪便综合化利用有机肥加工企业 1 家;扶持新建、改建及扩建的规模养殖场(小区)集粪场。进一步优化产业布局,加快规模化、标准化养殖进程,提升产业发展层次,指导养殖户制作隔栏,推广发情鉴定、日粮配方、犊牛早期断奶、饲草加工和疫病防治技术。采取畜禽废弃物集中处理模式和有机肥换购模式,实现了清洁养殖和经济、社会、生态效益协调发展。加大饲草料基地建设。2017 年,宁夏下达固原市粮改饲项目资金 1 650 万元,全株玉米收贮量 28 万 t,有力地支持了畜禽养殖业的饲草料需求。2018 年,固原市落实粮改饲项目资金 1 900 万元,用于全株玉米收贮工作。

(3)监管培训方面 严格规模养殖场(小区)监管,为加强畜禽粪污监管工作,对符合规模养殖标准的养殖场(小区)全部在直联直报系统中登记备案,并签订污染治理工作环保承诺书、责任书,建立畜禽粪污处理台账,对所产生的畜禽养殖粪污干湿分离、日产日清、当日运输到粪便堆积点,覆土发酵还田。对督查不合格的养殖场(小区)要求限时整改、立查立改,确保不污染周边环境。举办畜禽养殖废弃物资源化利用培训班暨现场观摩推进会。邀请宁夏农牧厅畜牧局领导、宁夏畜牧站专家、四川天地拓鑫科技有限公司专家及山东宏发科工贸有限公司专家(中国农业大学)参加推进会并前来授课,并组织培训班学员赴贺兰、利通区的三个养殖场(小区)和一个有机肥加工厂观摩学习禽养殖废弃物资源化利用先进经验。

(4)取得的成绩 固原市畜禽养殖废弃物综合利用主要以粪污覆土堆积好氧发酵还田、有机肥加工为主。2017 年,畜禽粪污综合排放 664.1 万 t,综合利用 604.4 万 t,综合利用率 91%。但是粪污处理模式多是好氧堆肥,粪肥质量不一致,是否完全符合国家有机肥使用规定,还有待进一步探究。符合宁夏标准的 150 家备案规模养殖场(小区)粪污综合排放 22.13 万t,综合利用 20.71 万 t,综合利用率达到 93.58%,150 家畜禽养殖场(小区)设备配套率达到 89.33%。已建成和正在建设的畜禽养殖废弃物有机肥生产加工企业 7 家,生产有机肥 3.756 万 t,部分用于设施农业基地和标准化蔬菜基地,商品有机肥利用率达 19.82%。

2.意义

一是实施乡村振兴战略的重要抓手。实施乡村振兴战略是党的十九大做出的生态保护和建设的重大决策部署,关系着 6 亿农村居民生产生活环境,关系着农村环境综合治理,关系着实现百姓富、生态美的统一,要求统筹谋划、综合施策,充分整合畜禽养殖、农村能源和种植业等资源,着力解决好畜禽粪污的突出问题,改善农村环境条件。二是解决养殖业转型升级的前提。随着畜禽养殖方式从农户散养走向规模化养殖,规模化养殖方式快速增长，在保障肉蛋奶产品供给的同时，畜禽粪污带来的污染环境问题也越来越明显影响着农民生活，畜禽养殖业也不再是以前那种只要搞好生产就可以的时代，污染治理成为养殖场（小区）发展的前提，也是乡村发展的短板。三是畜牧业健康发展的必然选择。畜禽粪污作为农村环境问题的主要污染源之一，对农村的水质、土壤和生活环境造成严重的污染，搞好畜禽粪污资源化利用，直接关系到农业的健康发展。

**二、面临的问题及原因分析**

1.面临的问题

随着农业结构调整，对畜牧业现代化发展提出了新要求，养殖密度高、群体大，数量多的商品化生产日益突显，传统的散养模式逐渐向集约化规模化方向发展，生产方式的转变，导致畜禽粪污产生相对集中，在周边消纳土地不足时，造成大气、土壤和水环境污染。目前，畜禽粪污资源化利用面临的主要问题有以下几个方面。

一是由于部分畜禽产品价格下滑，企业亏损严重，加之养殖业本身就是微利经营，污染治理投资与运行费用相对较高，养殖场（小区）单独治污资金匮乏，负担过重，大多数养殖场（小区）自身很难承受，致使畜禽粪便的处理、利用基本停留在堆放自然发酵还田的粗放模式上，全固原市畜禽粪污综合利用率93.58%，看似利用率比较高，处理工艺简单，无害化处理尚未达到标准也是其中较为关键的一点，缺少有效的监管措施来对粪污无害化处理和腐熟过程进行严格把控，好氧堆肥的温度、湿度和时间把握不够准确，很容易会出现腐熟程度不一致等问题。促使土壤受到污染的可能性比较大，最终也就无法实现真正意义上的粪污资源化利用。

二是大部分养殖场（小区）都是老场子，因陋就简，缺乏统一规划，养殖场（小区）建设之初也没有预留建设污染处理设施场地，导致集粪场建设选地困难。另外，部分畜禽养殖场（小区）未做雨污分流处理，雨水和污水混合在一起，大大增加了污水处理难度。对多数养殖户而言，畜禽粪污资源化利用模式应用成本较高，很多养殖户都无法负担专业化的粪肥抛撒机械和高效的资源化利用设施投入，在这种情况下畜禽粪污资源化利用工作很难有效地推进落实。

三是传统养殖业影响根深蒂固，加之地方政府为了稳定肉蛋奶产品供给，在惠农政策驱动下，提升养殖规模，增加生产总量，打造了一大批畜禽规模养殖场（小区）的同时，忽视了粪污处理的设施建设，追求简单的晾晒和低成本处理，粪便直接还田和散养户房前屋后堆积粪污现象屡见不鲜，养殖户对畜禽养殖业污染问题的严重性和防治工作的紧迫性认识不足，尚未引起高度重视，重养殖轻治污、重经济发展和畜禽产品生产，轻环境保护和粪污处理的思想仍然存在。

四是畜禽养殖场（小区）粪污资源化利用档案资料建立不完善，技术或业务部门都提出的粪污处理和管理的解决办法和应对措施，由于养殖人员缺少理论学习和技术培训，台账管理等一系列技术措施运用示范性不强，想要从根本上解决粪污处理技术推广和台账管理技术的利用任重道远。

2.原因分析

（1）畜禽养殖业发展速度过快　在国家精准扶贫精准脱贫政策的支持下，产业脱贫是扶贫工作的一个重要抓手，一些惠农政策的刺激下，养殖户不顾自身条件限制，大量补栏，畜禽存栏量快速大幅增长，导致污染排放量大，粪污排放量超出农户用于处理粪污的土地量，违规处置在所难免。

（2）养殖户文化程度制约着发展理念更新　养殖户环保意识淡薄，只管自己的生产，不考虑土地承载力，不考虑社会影响和周边群众，不知道环境保护自己也有义务，不考虑粪污的处理，更有甚者在现有设施处理不了时，偷排粪水，污染沟河。

（3）监管措施和手段没能跟上养殖业的发展速度　在环保等执法部门还没有意识到畜禽养殖业发展会带来多大污染的情况下，养殖业已悄然兴起。

（4）粪污处理技术推广力度较弱　固原市通常推广的种养结合、好氧堆肥、减排技术和台账管理技术，养殖场（小区）和养殖户内部和之间存在较大差异，离全面推广使用还存在较大差异。

**三、工作措施**

1.加强组织领导

成立畜禽养殖废弃物资源化利用工作领导小组，统筹推进全市畜禽养殖废弃物资源化利用工作。设领导小组办公室，办公室负责统筹协调、指导和推动畜禽养殖废弃物资源化利用工作。各县(区)也成立相应的组织机构,抓好工作落实,并及时向市畜禽养殖废弃物资源化利用工作领导小组报告。

2.健全考核评价

建立健全畜禽养殖废弃物资源化利用绩效评价考核制度,将考核结果纳入市政府对各县(区)绩效评价考核体系,并与各类畜牧、环保扶持资金安排挂钩,以奖促治。

3.争取项目扶持

积极争取中央、自治区财政畜禽养殖废弃物资源化利用政策和资金,充分调动社会资本参与,重点支持粪污处理利用设施、有机肥使用、沼气和生物天然气工程等。对粪污运输、收集、处理、利用相关设备纳入农机购置补贴范围,提高规模养殖场(小区)粪污资源化利用和有机肥生产设施用地占比及规模上限,将以畜禽养殖废弃物为主要原料的规模化生物天然气工程、大型沼气工程、有机肥厂、集中处理中心建设用地纳入土地利用总体规划,在年度用地计划中优先安排。

4.保障科技服务

围绕源头减量、粪污处理、还田利用等关键环节,开展科技攻关,建立完善的养殖粪污综合利用技术模式和标准体系。加强畜禽粪污处理与利用新技术、新工艺研发和有机肥施用、水肥一体化等关键技术集成试验示范,加大示范和培训指导力度。通过示范、培训等多种方式,加快粪污资源化利用技术推广。通过协调创新、人才引进、交流合作、技能培训,尽快建立一支与粪污资源化利用相适应的人才队伍。

5.抓好宣传引导

各地要通过电视、报刊、网络等多种媒体,加强技术培训服务指导,广泛宣传成熟的技术模式、经验做法,切实增强畜禽养殖人员的责任意识和绿色发展意识,不断提高畜禽养殖粪污资源化利用和污染防治水平,营造推进畜禽养殖废弃物资源化利用的良好氛围。

**四、对策**

畜禽粪污资源化利用主要围绕源头减排、过程控制和末端利用三个环节,主要从种养结合、培训引导、技术投入和依法监管四个方面进行控制和规范。

1.种养结合

按照种养结合、全产业链循环发展理念和生态保护发展要求，将农学、畜牧学、生态学进行综合运用，实现对资源的最大化利用，降低畜牧粪污对环境的污染，落实畜禽养殖业可持续发展战略。把畜禽粪肥资源化利用纳入“实施乡村振兴战略”和绿色有机农业发展规划，根据区域土地承载力和种植结构类型，实行“以草定畜，以地定养”，确定养殖畜禽种类和数量。严格按照划定的禁养区、限养区和适养区，综合市场资源、环境、交通等因素来对畜禽业种类、规模以及结构进行合理的布局，制定科学合理的畜禽养殖规模、生产标准和政策措施，从源头上减量，既满足生产需要又能保护环境，实现畜牧业和种植业协调精准发展。

2.培训引导

多数养殖户文化程度低，环保思想认识不到位，要加强政府部门对畜禽养殖业的正确引导，通过行政干预、政策扶持和环保执法等方法，让养殖户从心里树立起来环保意识，增强养殖场（小区）户建设粪污处理设施的主动性，从而实现在养殖业生产中对环境的保护。定期或不定期的组织相关部门工作人员和养殖户进行畜禽粪污资源化利用的学习，牢牢树立“绿水青山就是金山银山”的生态养殖观念，充分认识贯彻可持续发展战略的重要性与必要性。新建的畜禽养殖场（小区），在建场之初，就要考虑消纳粪污需要配套的耕地和养殖中采取相应的治理措施及粪污产生后的处理技术。可以尝试整合土地、资本、劳动力、金融等资源，流转土地，利用周边农户的耕地、林地、草地、园地来消纳粪污，粪便处理后还田利用，发展全产业链农业。也可以考虑委托第三方经营主体专门从事畜禽粪污的处理活动，利用社会化、专业化的污染防治运营服务，实现生态养殖，健康生产，畜牧业绿色可持续发展。

3.技术投入

一是做到“一控、两分、三防、两配套一基本”。“一控”，即改进节水设备，控制用水量，压减污水产生量；“两分”，即改造建设雨污分流、暗沟布设的污水收集输送系统，实现雨污分离，改变水冲粪、水泡粪等湿法清粪工艺，推行干法清粪工艺，实现干湿分离；“三防”，即配套设施符合防渗、防雨、防溢流要求;"两配套",即养殖场(小区)配套建设贮粪场和污水贮存池;"一基本",即粪污基本实现无害化处理、资源化利用。二是积极推广有机肥加工技术。多数养殖用户将畜禽粪污用来生产有机肥料,但是有机肥加工处理的时候一定要满足无害化加工处理要求,才能将粪便变成有机肥。三是建立绿色循环发展机制。积极推广测土配方技术,精准施肥技术,科学合理地利用土地资源,同时注意畜禽的科学健康养殖,最大限度地提高耕地产出效率、饲料转化效率和资源利用效率,减少氮、磷(N、P)、抗生素和重金属的排放,形成农牧有机结合农牧结合,降低畜禽粪便处理成本,提高农产品质量。

4.依法监管

严格落实《畜禽规模养殖污染防治条例》和《固原市加快推进畜禽养殖废弃物资源化利用工作的实施方案(2017—2020 年)》等政策文件;严格遵守农业农业部下发的《允许使用的饲料添加剂品种目录》《饲料药物添加剂使用规范》《食品动物禁用的兽药用其他化合物清单》《禁止在饲料和动物饮用水中使用的药物品种目录》等规范要求,确保畜产品安全。建立和全面落实定期和不定期巡查制度,对畜禽养殖场(小区)合理确定编制环境影响报告书和畜禽规模养殖场(小区)登记表规模标准,依法实行畜禽规模养殖环评制度。养殖场(小区)要严格填写《畜禽养殖业粪污资源化利用台账》,未填写粪污收集、贮存、处理、利用设施的养殖场(小区),坚决取消下一年度的扶持政策支持,并限期补充完善台账档案。

第二部分

# 畜禽粪污资源化利用实用技术

# 第三章　畜禽粪污相关概念及基本常识

## 第一节　相关概念

### 一、粪污

广义上讲,粪污是指畜禽生产过程带来的废弃物,包括粪便、尿液、尸体、垫料、代谢气体、冲洗水、饲草料残余等,狭义的粪污是指畜禽养殖过程产生的粪、尿、水混合物。尸体要求单独收集处理,本书中再不涉及。

粪污的主要成分:固体粪便、尿液、冲洗水和雨水混合物,其中固体粪便也称为干粪。

1.干粪

干粪新鲜状态下含有较多水分,因畜禽种类、品种、年龄、生产阶段、饲料原料和配方、饲养方式的不同其含水量也不同。干粪中的氮(N)类物质多以有机氮状态存在,不能直接被植物体吸收利用,只有矿化后才能被植物吸收,而无机氮可以直接被植物体吸收利用、而且含氮有机物在厌氧条件下可分解产生氨、甲氨、硫化氢、挥发性脂肪酸等各种恶臭气体。干粪中的矿物质因饲料来源、畜禽种类、畜禽品种、矿物种类不同存在较大差异,其中有机形式的磷(P)必须经过分解矿化后才能被植物吸收利用。钾(K)在干粪中多以无机形式存在,几乎全部能被植物体吸收利用。病原菌常见的有黄曲霉菌、黑曲霉菌、青霉菌等,不同畜种微生物菌群也不同。部分寄生虫虫卵、幼虫、成虫也会同干粪一起排出。

古代人们称肥料为"粪",把施肥叫做"粪田"。施农家肥开始于子殷商时代,古人用农家肥,一般主要用熟粪,元代农学、农业机械学家王祯在《农书》中写到"若骤用生粪,及布粪过多,粪力峻热,即烧杀物,反为害矣。"生粪要经过堆积发酵腐熟，变成熟粪后作为肥料使用，才易于被植物吸收，起到促进植物生长的作用。

2.尿液

尿液中水分含量占95%~97%，就尿液中水分含量而言，家禽是泄殖腔，粪尿混合在一起，羊尿液中水分含量较少，牛、马、驴、骡比羊高，奶牛和生猪最高。尿液中的氮是蛋白质和核酸在畜禽体内代谢的中间产物或终产物，健康畜禽尿液中不存在蛋白氮。尿液中的矿物质钾、钠、钙、镁等以各种盐的形式存在。病原菌在健康畜禽尿液中不存在，因为膀胱是无菌环境，如果是病畜禽，泌尿生殖道中的病菌或寄生虫、虫卵也会随尿液一起排出。

传统的牧业生产中尿液和粪便一般不做粪尿分离，一同收集堆积，由于水分含量较高，粪尿中的含碳有机物和含氮有机物厌氧发酵，产生大量挥发性臭味物质和磷酸盐，对空气造成污染。

3.粪水

粪水是指畜禽养殖与粪污处理过程中产生的污水，包括尿液、冲洗水、沼液以及沼渣沼液混合物。冲洗水主要来源于水冲粪工艺，生猪养殖场(小区)多采用这种模式收集粪污，用水量大，形成的粪污比较多，夏季为了给生猪降温，冲洗动物体或是喷雾产生的废水和粪污混为一体，大大增加了粪污量。雨水主要来源于下雨，雨污不分流或者分离不彻底的养殖场(小区)，雨水和粪污混合在一起，也大大增加了粪污量。

**二、生粪、熟粪和肥水**

1.生粪

生粪是未经沤化的粪肥，包括干粪和尿液。畜禽粪尿混合物普遍是酸性肥料(pH 为 3.6~4.7)，生粪中含有害虫、抗生素、重金属、钠盐及大肠杆菌、线虫等，生粪分解过程中消耗土壤氧气，并产生甲烷、氨气、挥发性脂肪酸等有害气体，大大降低了肥效。

过度施用生粪，一是生粪会在土壤中二次发酵导致烧苗现象，危害农作物生长，严重时导致植株死亡，如果是施肥给果树，酸性肥料会导致果树烂根、黄叶、甚至死亡；二是引起土壤中溶解盐沉积，影响土壤肥力；三是造成地表水和地下水水质污染。

2.熟粪

熟粪是经过沤熟的粪肥，是干粪、尿液及各种添加物均匀混合沤熟后的综合性肥料。熟粪施肥植物更容易吸收，有机质全面，肥效长，能提供植物和果树生长所需营养物质，对改良土壤肥力、土壤结构和理化性质非常有利。

3.肥水

肥水是指畜禽粪污通过多级沉淀、氧化塘、厌氧发酵等方式无害化处理后，以液态肥料利用的粪肥。

**三、清粪方式**

清粪在现代畜牧业发展中的重要性远远大于传统畜牧业。因为，一是现代畜牧业中规模化养殖比例要高于传统畜牧业，二是农业机械化的发展替代了大量役用家畜；导致不管是规模化养殖场（小区）还是养殖户，大量畜禽的繁殖、发育、生长、生产和哺乳等一系列活动都是在圈舍完成，圈舍环境对畜禽生存显得尤为重要，粪污通常是有害微生物和病原菌生长繁殖的地方，容易传播疾病，厌氧发酵还会产生有毒气体，也是一种危害。所以，采取合理的清粪方式，及时全部清理粪污在畜禽管理中不得粗枝大叶。

清粪方式的选择是粪污管理过程中的一个重要环节，是后续粪污综合利用和无害化处理技术选择前提条件，当然，末端利用方式也决定了应该匹配什么样的清粪方式。当前，常见的畜禽养殖清粪方式主要有三种，分别是干清粪、水冲粪和水泡粪。

1.干清粪

干清粪是收集畜禽圈舍地面上尿液已流走后的全部或大部分干粪，从而使固体和液体分离的一种清粪方式，包括人工干清粪和机械干清粪。

干清粪的主要目的是防止尿液和污水与粪便混合，粪便尿液一经产生就分流，从而降低后续粪污处理难度，节约用水，降低粪污处理成本，较全面的保持干粪营养元素，提高了有机肥肥力，实现了畜禽圈舍卫生。

2.水冲清粪

水冲清粪是采用喷水头把粪尿混合物从圈舍一端开始全部清理到粪沟，顺着粪沟流到贮粪池的一种清粪方式。

水冲清粪能够较好地保持圈舍卫生，保护动物健康。不足之处是，耗水量比较大，每 1 000 头生猪日水冲清粪耗水量达到 20~25 $m^3$；污染物浓度高，化学需氧量达到 15 000~25 000 g/m³。大量营养成分溶解在污水中，固液分离后生产的固体有机肥肥力低。

3.水泡清粪

水泡清粪是在圈舍下面的贮粪池注入一定量的水，粪尿一并收集到贮粪池的一种清粪方式，贮粪池装满后，打开阀门将粪污排出。

水泡清粪比水冲清粪节省水资源和人力。不足之处是，粪污长时间存贮在圈舍下面，厌氧环境容易导致粪污厌氧发酵，产生臭味物质，比如硫化氢、挥发性脂肪酸和甲烷等，造成圈舍空气质量不佳，动物长时间生存在有毒气体的环境，影响畜禽身体健康状况；粪污污染物浓度高，为后续处理带来较大难度，增加了粪污处理成本。

清粪方式的选择要综合考虑畜禽种类、年龄阶段、饲养条件、人力资源、经济状况、周边环境和自然条件等诸多方面。比如生猪养殖采取水冲清粪和水泡清粪比较多，奶牛也有采用水冲清粪工艺的，肉牛、家禽多采用干清粪工艺。

## 第二节　基本常识

### 一、畜禽粪污的环境危害

畜禽采食饲料中的营养物质只有部分用于自身生长、生产、繁殖和维持生命需要，其余部分以代谢物的形式排到体外，在体外形成粪污。粪污中有害成分的来源可概况为以下几点：一是生病动物体本身消化和泌尿系统携带病原菌，随着粪尿一起排出；二是饲养方式的转变，养殖场（小区）为了提高经济效益，多数畜禽已由原来的散养变为规模化养殖，规模化养殖畜禽的日粮多为饲料加工企业生产，饲料企业为了提高饲料应用效果，饲料中重金属和抗生素等添加剂添加过高，动物体不能利用的部分重金属、抗生素与粪尿一起代谢到体外；三是自然环境中不乏一些病原微生物，粪污为病原微生物提供了理想的繁殖条件。如果粪污不加以处理排到外面，会对土壤、水源和大气造成污染，威胁着人类和动植物的健康。

1.粪污对土壤的危害

粪污不加处理直接适用于农田，除了可能传播病原菌和发酵烧苗外，长期过量施用,可能造成畜禽粪便中的氮、磷、钾(N、P、K)等养分,抗生素和重金属等在土壤中累积,导致地下水硝酸盐污染,地表水磷(P)污染以及农作物中重金属或其他微量元素超标。农田中重金属负荷主要来源于畜禽粪污,比如仔猪饲料为了降低仔猪腹泻率添加了大量锌(Zn)元素,仔猪未能消化吸收的锌随粪便一起排出,金属锌影响作物的生长和发育障碍,造成作物减产;镉(Cd)等重金属对作物产量没有影响,但能通过作物的可食用部位直接危害人体健康。

2. 粪污对水体的危害

粪污在存贮、运输和处理过程中,可能通过渗漏或径流进入地表水体或地下水体,将氮和磷带入水体,高浓度氮和磷会造成水生植物和藻类过度生长,导致地表水体富营养化,导致鱼类死亡;地下水质参数超标,而地下水质如果被污染难以恢复,造成永久性污染。

3. 粪污对大气的危害

根据《中华人民共和国气候变化初始国家信息通报》,1994 年中国温室气体的总排放量为 36.50 亿 t 二氧化碳当量,其中动物粪便管理过程排放的氧化亚氮 15.5 万 t,占农业氧化亚氮排放的 19.69%,畜禽粪污厌氧发酵产生的甲烷等气体是重要的农业排放温室气体,氨气、硫化氢和挥发性脂肪酸等都是臭气物质,排泄到大气中会引起臭气污染。

## 二、畜禽粪尿产量

畜禽每天排出的粪尿量相当于体重的 5%~8%,粪尿产生量的多少又受到畜禽种类、品种,年龄、性别、存栏期、饲料成分、管理水平、气候及用途等众多因素影响,粪尿产生量也存在较大差异。根据第一次全国污染普查资料,我国生猪、肉牛、奶牛、蛋鸡和肉鸡粪尿产生量见表 3-1。

**表 3-1 畜禽粪尿排放系数估算表**

| 畜禽种类 | 污染物指标 | 单位 | 产物系数 |
|---|---|---|---|
| 育成牛(375 kg) | 干粪量 | kg/(头·d) | 14.1~15.1 |
| | 尿液量 | kg/(头·d) | 6.8~8.2 |
| 育肥牛(400 kg) | 干粪量 | kg/(头·d) | 14.0~15.0 |
| | 尿液量 | kg/(头·d) | 7.0~9.0 |

续表

| 畜禽种类 | 污染物指标 | 单位 | 产物系数 |
| --- | --- | --- | --- |
| 泌乳奶牛(700 kg) | 干粪量 | kg/(头·d) | 31.6~32.8 |
| | 尿液量 | kg/(头·d) | 13.2~15.2 |
| 保育猪(30 kg) | 干粪量 | kg/(头·d) | 0.5~1.0 |
| | 尿液量 | kg/(头·d) | 1.0~1.9 |
| 育肥猪(70 kg) | 干粪量 | kg/(头·d) | 1.1~1.8 |
| | 尿液量 | kg/(头·d) | 2.1~2.5 |
| 妊娠母猪(210 kg) | 干粪量 | kg/(头·d) | 1.6~2.0 |
| | 尿液量 | kg/(头·d) | 3.5~5.0 |
| 育雏育成鸡(1.2 kg) | 粪便量 | kg/(只·d) | 0.07~0.08 |
| 产蛋鸡(1.9 kg) | 粪便量 | kg/(只·d) | 0.15~0.17 |
| 商品肉鸡(1~2.4 kg) | 粪便量 | kg/(只·d) | 0.12~0.22 |

畜禽粪尿产量的估算便于养殖场(小区)根据养殖规模设计集粪场的面积和沉淀池的容积。猪场和奶牛场在设计沉淀池容积时还有考虑冲洗水的产生量,雨水不建议流入沉淀池,应该做雨污分流设施,如若雨水也流到沉淀池,污水产生量过大,对后期的处理带来诸多困难,也大大增加了污水处理成本,降低了养殖场(小区)的经济效益。肉牛、肉羊和鸡场(小区)污水产生量较小,干清粪工艺可以不做沉淀池。

**三、粪污管理应注意事项**

要做好畜禽粪污的管理,需要从畜禽饲喂,棚圈建设,粪污的收集、存贮、拉运和处理等多个环节入手。

一是畜禽的饲喂。按照畜禽种类、生长阶段和饲料种类制定科学合理的饲养配方,从源头上减少粪污中重金属、抗生素和营养成分的浪费。粪污中含有大量的细菌、病毒和寄生虫等病原微生物,许多微生物在离开动物体后迅速死亡,有部分微生物在适宜条件下能存活,在土壤中的存活时间更长,对动物和人类健康威胁极大。

二是棚圈的建设。棚圈建成之初就要考虑粪污怎么处理,规划好饲料存贮区、养殖区、生活区和粪污处理区。粪污处理区建设在隔离区内或地势较低处,在生产区主导风向的下风向或侧风向处,和生产区之间设围墙、林带或者走道隔离开。粪污存贮场地(即集粪场)要有“三防”设施,即防雨、防渗和放溢漏。防雨是在集粪场上面搭建彩钢瓦,避免雨水淋入,增加后续处理难度;防渗是把集粪场地面要用混凝土硬化,避免渗入土壤,污染地下水质;防溢漏是要在集粪场周边用砌砖,并用水泥造面,避免溢漏,污染地表水质。粪污应尽可能就近处理,避免长途运输。

三是粪污的收集、存贮、拉运和处理。粪污收集时雨污分流,减少污水产生量;净道和污道分开,避免交叉污染,动物入离场、饲养人员和场内饲料运送走净道,粪污和病死畜禽出场走污道,并定期进行消毒;在粪污处理和利用环节,应选择与当地环境要求以及与清粪工艺相配套的粪污处理设施和技术。

**四、粪污处理技术选取原则**

粪污处理技术的选取不能只考虑粪污产生后怎么处理,还要考虑粪污产生前和产生过程中怎么减少产生量,按照畜禽养殖粪污治理“减量化、无害化、资源化”的原则,推广生态健康养殖。通过改变畜禽饲养方式、改善饲养条件、调整饲料配方或者添加饲料添加剂等办法,不仅能节约饲料用量,降低饲养成本,还能减少粪污产生量,减少粪污的后处理投资和运行成本。粪污中含有的氮、磷、钾(N、P、K)等养分,经过适当处理后可生产农作物生长所需要的有机肥料,实现粪污资源化利用。

**五、粪污资源化利用的基本原则**

1.农牧结合,多元利用

坚持以地定养、以养肥地、种养平衡、农牧结合,深入探索畜禽养殖废弃物资源化利用的治理路径、有效模式和运行机制。以肥料化利用为基础,因地制宜,宜肥则肥,宜气则气,实现畜禽养殖废弃物就地就近利用。

2.政府引导,企业主体

坚持市场化运作,重点引导社会资本以政府和社会资本合作模式参与畜禽养殖废弃物资源化利用,构建企业为主、政府支持、社会资本积极参与的运行机制。以绿色生态为导向,落实各项补贴政策,培育畜禽养殖废弃物资源化利用产业。

3.种养循环,绿色发展

坚持发挥有机肥的纽带作用,统筹考虑有机肥的能源、生态效益,兼顾沼气的社会经济价值，优化有机肥场发展结构和建设布局，支持各县(区)发展有机肥的利用,推进种养循环、绿色发展。

4.统筹兼顾,协调推进

坚持生产发展与生态保护并重,统筹考虑土地承载能力、养殖废弃物资源化利用能力和畜产品供给保障能力,调整优化畜禽生产结构、产业布局,推动产业转型升级,促进生产与生态协调发展。

**六、生粪都有哪些危害**

很多养殖户的粪污是在集粪场堆放几天,拉运或销售给周边农户,自然堆放发酵几天就施用到农田,粪污没有腐熟发酵好,多数粪肥还是生粪和熟粪混合体,生粪还田可能引起环境危害。未腐熟彻底的生粪主要有以下几方面的危害。

1.烧苗

未腐熟彻底的生粪施到土壤,在好氧微生物的作用下,可能引起“二次发酵”,发酵产生的热量会引起植物“烧苗、烂根”,如果生粪施用过多,可能会造成植株死亡。

2.危害人类健康

生粪中往往带有病死畜禽或畜禽肠道的病原性大肠杆菌、蛔虫等部分病原菌、寄生虫虫卵,在粪污运输、施用、处理等过程中都可能把人畜共患传染给人类,影响人体健康。

3.污染土壤

生粪除了重金属、抗生素可能超标污染土壤外,在土壤好氧微生物分解过程中,还会消耗土壤氧气,使植物根系暂时性缺氧,影响根系生长,分解产生的氨气和硫化氢等酸化土壤环境,也会造成植物损伤,甚至死亡。

# 第四章　几种畜禽粪污资源化利用关键技术

## 第一节　粪污好氧堆肥技术

### 一、概念

1.好氧堆肥:是指在有氧条件下,依靠好氧微生物对粪污中有机质进行吸收、氧化、分解等稳定化的过程。在堆肥过程中,微生物通过自身的生命代谢,氧化分解粪污中部分有机物,使其变成植物易吸收利用的简单无机物,同时获取可供微生物生长活动所需的能量;部分有机物则被合成新的微生物体,使微生物不断生长繁殖,产生出更多生物体。

2.预处理:是指通过机械破碎、添加辅料、接种微生物菌种等方式改善畜禽粪便堆肥原料发酵条件的处理工艺。

3.一次发酵:是指堆肥原料中宜腐有机物经过升温、高温、降温至温度稳定的降解过程。

4.二次发酵:是指在一次发酵后,堆肥的进一步熟化过程,也称之为陈化或腐熟阶段。

5.后处理:是指对熟化后的堆肥进行精加工处理,包括筛分、粉碎、烘干等过程。

6.堆肥接种:是指在堆肥过程中添加外源微生物菌剂,以促进堆肥化进程的一种方法。

7.辅料:是指用于调节堆肥原料水分、碳氮比和透气性的固体废弃物。畜禽粪污好氧堆肥常用的辅料有农作物秸秆、锯末、稻壳、粉碎的树枝和蘑菇渣。

## 二、适用范围

畜禽粪便好氧堆肥适用于牛、羊、猪、禽等所有畜禽粪污的处理和利用。

畜禽粪便中含有丰富的植物生长所需要的氮、磷、钾(N、P、K)等营养物质,是农牧业可持续发展的宝贵资源,是种养结合的桥梁,粪污好氧堆肥目前广泛使用的粪污处理技术之一。根据粪污的类型和特点选择合适的辅料,掌握好湿度、温度和氧气量,可使粪便快速发酵生产有机肥。

好氧堆肥的优点:

1.堆体自身可产生热量,并且维持时间较长,极少需要补充热源,便可实现畜禽粪污无害化处理。

2.纤维素是较难降解利用的营养成分,通过高温腐败和微生物作用,使其堆体物料矿质化、腐殖化,形成土壤活性物质。

3.终产物干燥容易包装施用,且臭气少,是良好的土壤改良剂和农作物,尤其是经济作物良好的养分来源。

4.基础设施建设投资少,操作简单,管理方便,粪污处理效果良好。

## 三、场地建设要求

基础设施建设包括:预处理区、一次发酵区、二次发酵区、后处理区和计量包装区等;辅助设施建设包括:地磅、污水处置、产品分析、成品仓库与消防设施等。

堆肥场地选择要求:

1.应符合村镇建设发展规划、土地利用发展规划和环境保护规划要求。

2.统筹考虑畜禽养殖场(小区)区位特点,充分利用已建或拟建的堆肥处理设施,合理布局。

3.畜禽养殖场(小区)粪污堆肥处理设施安全防护距离执《畜禽场场区设计技术规范(NY/T 682—2003)》相关规定。

4.畜禽粪便堆肥厂及处理设施禁止在下列区域建设

生活饮用水水源保护区、风景名胜区、自然保护区的核心区及缓冲区;受洪水或山洪威胁及泥石流、滑坡等自然灾害频发区;在禁建区域附近建设畜禽废弃物处理设施,应在禁建区域常年主导风向的下风向或侧下风向处,厂界与禁建区域边界的最小距离应大于 2 000 m,地势低洼处,处理区域须单独设置出入大门;畜禽粪便处理设施应距地表水体 500 m 以外;

城市和城镇中居民区、文教科研区、医疗等人口集中地区；县级人民政府依法划定的禁养区；国家和地方法律、法规规定需特殊保护的其他区域。

## 四、技术工艺

按照《畜禽粪便堆肥技术规范（DB 64/T 871—2013）》，好氧堆肥技术工艺主要保证充足的氧气，要让好氧性微生物维持较高水平，堆肥工艺流程如下：

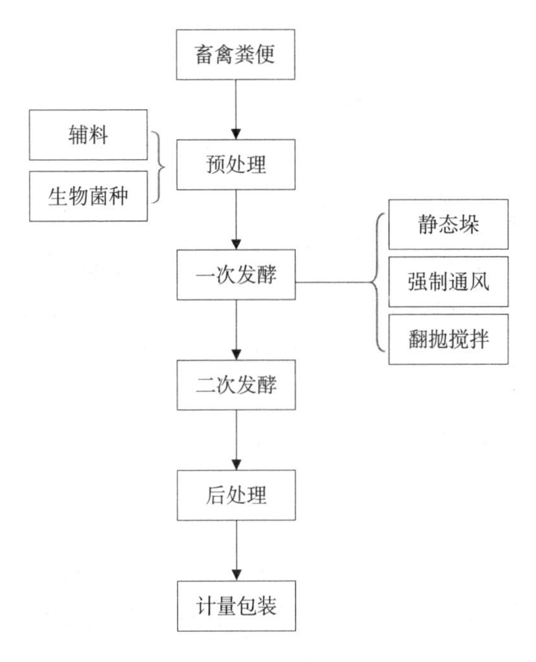


**图 4-1 畜禽粪便堆肥工艺流程图**

1.预处理

（1）畜禽粪便堆肥前，宜加入秸秆、谷糠、豆粕及菌菇糠等农业废弃物作为辅料，调节堆肥原料含水率、碳氮比（C/N），并进行必要的破碎，保证堆肥原料符合发酵要求。预处理后堆肥原料应符合表 4-1 要求。

表 4-1 堆肥原料控制指标

| 项目 | 指标 |
| --- | --- |
| 含水率 | 50%~65% |
| 易降解有机质(以干基计) | ≥45% |
| 粒度 | ≤60mm |
| 碳氮比(C/N)质(以干基计) | 25:1~35:1 |

(2)接种微生物菌种,将微生物菌种按一定比例与原辅料搅拌均匀,接种量应符合菌种使用要求,接种微生物菌种应执行《复合微生物肥料(NY/T 798—2004)》中的相关规定。

(3)布料时应保证物料均匀、松散,防止出现物料层厚度、含水率不均等情况。

(4)堆肥原料中严禁混入下列物质

有毒有害工业制品及其残弃物、城市污泥;有化学反应并产生有害物质的物品;有腐蚀性或放射性的物质;易燃、易爆等危险品;生物危险品和医疗垃圾;危害环境安全的微生物制剂;其他不易降解的固体废物。

2.堆肥工艺控制

(1)一次发酵　有机物料的含水率宜控制在 60%左右,即抓一把在手里,握紧成团,指缝间可见水但不流,接种微生物菌种、发酵环境及翻堆设备的不同来设定,一般高度宜为 0.6~2.0 m,宽度宜为 0.8~2.0 m。在发酵过程中,应每天测定堆体温度 3~4 次,温度测量应从堆体表面向内 10~30 cm 为准。堆肥温度应在 55℃以上保持 5~7 d,达到无害化标准,最高温度不宜超过 70℃(以接种微生物菌种死亡温度为限)。堆肥温度达到 60℃以上,保持 48 h 后开始翻堆,每 3~5 d 翻堆 1 次,但当温度超过 70℃时,宜立即翻堆。翻堆时需均匀彻底,应尽量将底层物料翻入堆体中上部,以便充分腐熟。强制通风静态垛堆肥,风量宜为 0.05~0.20 $Nm^3/(min.\ m^3)$,物料层高每增加 1 m,风压增加 1.0 ~1.5 kPa。一次发酵周期一般应大于 15 d。发酵终止时,发酵物料不再升温、堆体基本无臭味、颜色接近灰褐色。

(2)二次发酵　二次发酵过程中,严禁再次添加新鲜的堆肥原料。含水率宜控制在 40%~50%。为减少养分损失,物料温度宜控制在 50℃以下,可通过调节物料层高控制堆温。pH 应控制在 5.5~8.5,如果 pH 超出

范围,需进行调节。二次发酵周期一般为15~30 d。发酵终止时,腐熟堆肥应符合下列要求:

外观颜色为褐色或为灰褐色、疏松、无臭味、无机械杂质;含水率宜小于30%;碳氮比(C/N)小于20:1;耗氧速率趋于稳定。

3.后处理

充分腐熟、稳定的堆肥产品应进行粉碎、筛分、烘干、造粒。堆肥产品作为有机肥应执行《有机肥料(NY 525—2012)》相关规定;作为生物有机肥应执行《生物有机肥(NY 884—2012)》相关规定。

4.辅助工程

堆肥厂配套工程应与主体工程相适应。排水系统应实行雨污分流;堆肥厂须有独立的渗沥液收集设施,渗沥液收集后,可作为堆肥原料一次发酵补水,或通过污水处理设施处理达标后排放,严禁直接排放。应设有除臭设施、药剂或接种除臭作用良好的微生物菌种,净化、去除堆肥过程中产生的硫化氢、二氧化硫、氨气等恶臭气体。消防设施的设置须满足消防要求,并应符合《建筑设计防火规范(GB 50016—2014)》《建筑灭火器配置设计规范(GB 50140—2005)》的有关要求。应配备堆肥产品检验设施以及堆肥成品仓库,贮藏应符合《有机肥料(NY 525—2012)》和《复合微生物肥料(NY/T 798—2004)》的规定。堆肥原料的贮存应满足下列要求:一是干、湿物料分别贮存;二是地面硬化。

**四、堆肥技术工艺**

按照堆肥过程中供氧方式和是否有专用设备可分为条垛式堆肥、静态通气式堆肥、槽式堆肥和容器堆肥。

1.条垛式堆肥工艺

条垛式堆肥是一种开放式堆肥方法，根据粪污来源和堆肥辅料按照一定比例混合均匀后排成条垛,并通过机械周期性翻抛通风降温,翻抛周期每周3~5次,完成一次发酵需要50 d左右。优点:该技术简便易操作,基础设施投资少,堆肥条垛长度可调节。

缺点:堆肥高度不超过1.2 m,占地面积大,堆肥发酵周期长,臭气不易控制,产品质量不稳定。如果是露天进行条垛式堆肥,除了臭气无法控制,而且受降雨降雪等天气变化影响较大。

2.静态通气式堆肥工艺

静态通气式堆肥是在堆体底部或者中间建设多孔通风管道，利用机械风机实现供氧。

优点：堆体高度可提升到 2 m，相对占地面积较小；由于堆体供氧充足，发酵时间较短，30 d 就可以完成发酵过程，相对提高了堆肥发酵处理能力；该技术工艺通常在室内操作，可对臭气进行收集和处理。

缺点：相对条垛式堆肥，静态通气式堆肥投资较高。

3.槽式堆肥工艺

槽式堆肥就是把粪污、辅料和微生物菌种混合物放置于“槽”状通道结构中进行发酵的堆肥方法。供氧需要安装翻抛机，翻抛机在槽壁轨道上来回翻抛，槽底部可以安装曝气管道，给堆料通风曝气。发酵槽的宽度和深度要根据粪污种类、多少和翻抛机的型号来规划建设，一般堆肥槽堆料可达 1.5 m 高，堆肥发酵时间为 20~40 d。翻抛机在搅拌堆料是对堆体上下堆料混合均匀，并破碎的过程，可以有效防止堆体自沉降压实导致厌氧发酵，也可以有效地防止堆体温度过高，搅拌均匀的堆体可生产出质量相当好的肥料。

优点：发酵周期短，粪便处理量大；堆肥场地一般建设在大棚内，臭气可收集处理；产品质量稳定。

缺点：机械投资和运营成本较高，操作相对复杂，由于设备与粪污长时间接触，易损件比较多，需要定期检查和维修，技术要求相对较高。

4.容器堆肥工艺

容器堆肥是把粪污、辅料和微生物菌种混合物置于密闭反应器进行曝气、搅拌和除臭于一体的好氧发酵技术工艺。容器一般高达 5 m 左右，发酵周期 7~12 d。物料从顶部加入，底部出料。

优点：在城区中小型规模养殖场（小区）就地处理粪污较好，发酵周期短，占地面积小，自动化程度高，臭气易控制。

缺点：处理量有限，投资运营成本高，不适合大规模养殖场（小区）使用。

**五、质量控制**

1.环境质量

操作区总悬浮微粒物、异味。总悬浮微粒物检测应符合《环境空气

$PM_{10}$ 和 $PM_{2.5}$ 的测定·重量法(HJ 618—2011)》的规定。须有良好的通风条件,采取防尘、除尘措施。粉尘、有害气体(硫化氢、二氧化硫、氨气等)排放应符《恶臭污染物排放标准(GB 14554—1993)》的规定。作业区地面应硬化,并保持整洁,不得存放与生产无关的材料。厂界噪声标准应符合《工业企业厂界环境噪声排放标准(GB 12348—2008)》规定。渗沥液和污水排放标准应符合《污水综合排放标准(GB 8978—2002)》规定。厂区内应采取必要的灭蝇措施。

2.产品质量

(1)产品检测基本要求　堆肥原料应至少每批次检测 1 次。检测内容应包括:含水率、总有机质、pH 等。堆肥产品的质量及抽样检测方法应参照《有机肥料(NY 525—2012)》的相关方法。

(2)产品使用　产品可以自用。不需要包装,但是要配套相应的土地,根据作物种类和土壤条件,测土配方施肥,种养结合,实现农牧全产业链循环发展。

产品也可以销售。经过好氧堆肥处理过的产品,指标达到国家要求,可以销售给种植户,作为有机基质或者土壤改良剂使用,但商品需要包装。包装袋可采用覆膜编织袋或有塑料内袋的袋子,袋子上注明原料组成和比例、有机质含量、水分含量、养分含量、企业地址、企业名称和净重量。产品要放置在干燥通风处。

产品也可以作为生产有机肥的原料销售给有机肥加工企业,做成有机肥,有机无机复合肥或者生物有机肥。

## 第二节　种养结合技术

### 一、概念

种养结合是养殖业和种植业互补的一种生态养殖模式。种养结合生态养殖模式是将畜禽生产过程中产生的粪污加工成肥料,为种植业提供有机肥来源,与此同时,种植业生产的粮食、秸秆、叶子、块茎和块根等又能给养殖业提供食源的一种生态互补养殖模式。

简而言之,畜禽养殖场(小区)采取粪便堆沤发酵、粪水沉淀降解发酵后还田。大中型规模养殖场(小区)采用干清粪或水泡粪的清粪方式,液体粪便进行厌氧发酵或多级氧化塘处理、固体粪便经过堆肥后,就近用于自有土地或流转土地,畜禽养殖与粪便消纳土地配套、种植业与养殖业结合,实现粪便和肥水还田,资源化利用,达到种养平衡。

## 二、适用畜禽

种养结合生态养殖模式适用于牛、羊、猪、禽等所有畜禽粪污的处理和利用。

牛场(小区)粪污清理技术主要是人工干清粪,清粪方法简单,清理效果好,人力成本较高,相比之下机械干清粪对死角的清理效果没有人力干净,清粪机械购置成本高,但节省人力。

猪场(小区)粪污清理技术主要是水泡粪、水冲清粪和干清粪等,水泡粪和水冲清粪简单易操作,水冲清粪耗水量大不提倡使用。水泡粪耗水量小,但粪污存贮时间长,厌氧发酵后氨气和硫化氢等有毒臭味气体产生量大,给后续处理带来诸多不便。干清粪效果较好,人力干清粪需要较大人工费用,机械干清粪前期机械投入比较大。

羊场和鸡场污水产生量小,粪污清理技术主要是人工干清粪。

## 三、技术模式

### (一)干清粪处理还田模式

干清粪工艺是畜禽粪便和尿液排出后就进行固液分离处理, 干粪可机械也可人工收集、清扫、运走,尿液从排明沟或暗沟排除出,分别对待,是养殖场(小区)最为理想的一种清粪工艺。能及时、高效地清理畜禽圈舍粪便、尿液,保持畜禽圈舍环境卫生,也有利于动物建设生长生产。干清粪还田利用模式是一种清洁的生产方式,畜禽养殖产生的污水量少,为后续污水的处理降低了成本,提高了干粪的处理效率、速度和效果。

中小型规模养殖场(小区)采取粪便堆积发酵、粪水沉淀降解发酵还田;大中型规模养殖场(小区)采用干清粪或水泡粪清粪方式,液体粪便进行厌氧发酵或多级氧化塘降解处理、固体粪便经过堆肥后,就近施肥于种植基地,畜禽养殖与粪便消纳土地配套、种植业与养殖业结合,实现粪便(肥水)还田利用。

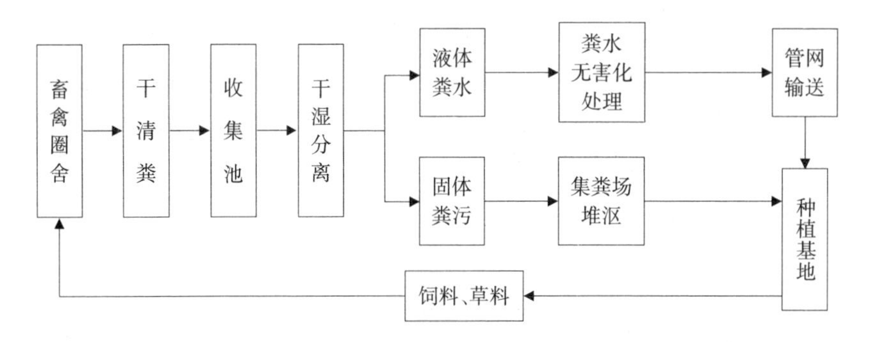


图 4-2　干清粪处理还田模式工艺流程

干清粪处理还田模式粪便需有足够的堆沤空间,有足够消纳农田。粪污收集、贮存、处理设施建设成本低,处理利用费用也较低,粪便和尿液分流,分别收集,处理工艺简单,适宜中小型养殖场(小区)和自有饲草料基地或周边有足够的田地来消纳养殖场(小区)。

(二)粪污全量收集处理还田模式

粪污全量收集处理技术是对养殖场(小区)畜禽产生的粪便、尿液和污水混合收集,全部汇入贮存设施,贮存设施口可以敞开,也可以封闭,进行降解处理,在施肥季节作为农家肥利用。该模式适用于猪场(小区)和奶牛场(小区),粪污固形物含量小于15%。

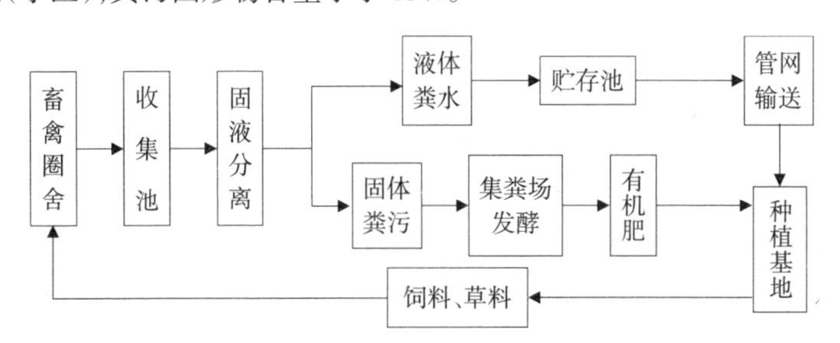


图 4-3　粪污全量收集处理还田模式流程

粪污全量收集处理还田模式对粪污收集、贮存、处理设施建设要求低,粪污处理成本也较低。粪污贮存周期通常至少要达到3个月或者半年以上,需要足够的空间建设粪污贮存设施,种植施肥期短且比较集中,需配套相应的施肥设施设备、机械和管网。

（三）固体粪便好氧堆沤处理还田模式

固体粪污好氧堆沤处理还田模式是将固体粪污利用抛机设备搅拌好氧堆沤处理后，形成农家肥或生产有机肥。该模式主要适合无污水产生的肉牛、生猪、肉羊和家禽等养殖场（小区）。

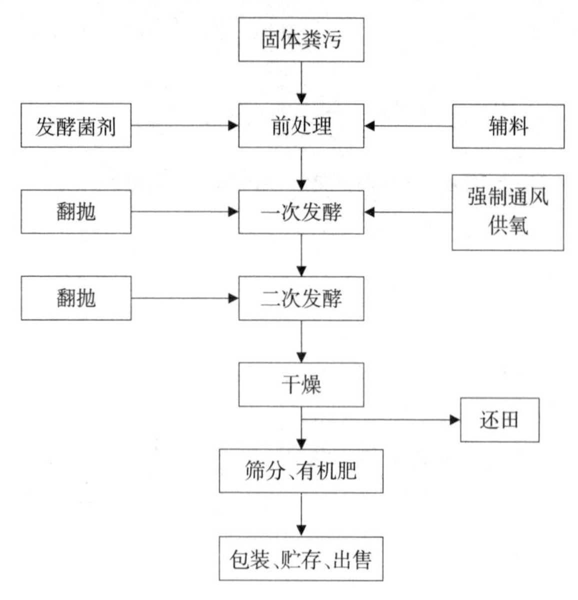


**图 4–4　固体粪便好氧堆肥利用模式工艺流程**

固体粪便好氧堆沤处理还田模式发酵期间粪污温度较高，无害化处理效果比较理想，相对厌氧处理大大缩短了发酵时间，辅料的添加也提高了熟粪的肥效。好氧堆沤不易产生大量的臭味物质。该技术模式主要适合于对肉牛、肉羊、生猪、家禽规模养殖场（小区）或养殖密集区及养牛大户粪污生产加工农家肥、有机肥，供给周边牧草种植基地、果树种植基地和蔬菜种植基地，家禽粪便生产的肥由于钠盐含量比较高，容易导致土壤盐化，一般不用于大棚蔬菜种植。种植基地产出的优质牧草和饲料又可以饲养畜禽。

种养结合技术模式是真正实现了畜禽粪便资源化利用的理想模式之一。

## 四、利用指标

畜禽养殖产生的粪污还田前需要进行处理。未处理的粪污带有肠道病原菌、抗生素、重金属、虫卵和杂草种子等,容易对土壤、水体和空气造成污染,不得直接施入农田,需要经过充分发酵腐熟降低重金属污染,并杀死病原菌、虫卵和杂草种子等后还田利用。

堆肥处理还田是常见的一种粪污还田技术,堆肥技术处理后粪便无害化卫生要求达到《畜禽粪便无害化处理技术规范》(NY/T 1168—2006)标准,蛔虫卵的死亡率要不低于95%,粪大肠菌群数每千克熟粪不得高于$10^5$个,并且熟粪周边苍蝇较少,堆体周围没有活的蛆、蛹或新羽化的成蝇。(见表4–2)

**表4–2 粪便堆肥无害化卫生要求**

| 项目 | 卫生标准 |
| --- | --- |
| 蛔虫卵 | 死亡率≥95% |
| 粪大肠菌群数 | ≤$10^5$个/kg |
| 苍蝇 | 有效地控制苍蝇孳生,堆体周围没有活的蛆、蛹或新羽化的成蝇 |

注:来源于《畜禽粪便无害化处理技术规范》(NY/T 1168—2006)

液态粪肥厌氧处理无害化卫生学要求达到《畜禽粪便无害化处理技术规范》(NY/T 1168—2006)标准,寄生虫卵死亡率不能低于95%,血吸虫卵在肥水不得有活体存在,粪大肠菌群数常温沼气发酵不得高于10 000个/L,高温沼气发酵不得高于100个/L,有效地控制蚊蝇孳生,肥水中无孑孓,池的周围无活的蛆、蛹或新羽化的成蝇。(见表4–3)

**表4–3 液态粪便厌氧无害化卫生学要求**

| 项目 | 卫生标准 |
| --- | --- |
| 寄生虫卵 | 死亡率≥95% |
| 血吸虫卵 | 在使用粪液中不得检出活的血吸虫卵 |
| 粪大肠菌群数 | 常温沼气发酵≤10 000个/L,高温沼气发酵≤100个/L |
| 蚊子、苍蝇 | 有效地控制蚊蝇孳生,粪液中无孑孓,池的周围无活的蛆、蛹或新羽化的成蝇 |
| 沼气池粪渣 | 达到表4–1要求后方可用作农肥 |

注:来源于《畜禽粪便无害化处理技术规范》(NY/T 1168—2006)

畜禽粪污生产的有机肥肥料中重金属污染物允许含量范围要达到《沼肥施用技术规范》(NY/T 2065—2011)标准，总镉(Cd)、总汞(Hg)、总铅(Pb)、总铬(Cr)、总砷(As)的浓度限量每千克有机肥不得高于 3 mg、5 mg、100 mg、300 mg、70 mg。(见表 4-4)

**表 4-4　有机肥料重金属污染物质允许含量**

单位:mg/kg

| 项目 | 浓度限量 |
| --- | --- |
| 总镉(以 Cd 计) | ≤3 |
| 总汞(以 Hg 计) | ≤5 |
| 总铅(以 Pb 计) | ≤100 |
| 总铬(以 Cr 计) | ≤300 |
| 总砷(以 As 计) | ≤70 |

注:来源于《沼肥施用技术规范》(NY/T 2065—2011)

## 第三节　肥水利用和垫料回用技术

2015 年 4 月 16 日印发的《水污染防治行动计划》,明确要求现有规模化畜禽养殖场(小区)要根据污染防治需要,配套建设粪便污水贮存、处理、利用设施。

### 一、概念

肥水利用和垫料回用技术模式是污水和干粪处理利用，节约养殖场(小区)成本的一种养殖模式,在农田有限或其承载能力有限的区域推广使用较多。可采用干清粪、固液分离、雨污分流等减少污水产生的技术措施,缩小粪水产生量,提高粪污固形物浓度。粪水达到肥水标准作为肥料施用,干粪通过堆沤发酵堆肥或生产有机肥利用。对于养殖密集区采取集中处理的模式,要实行畜禽粪便污水分户分别收集、集中处理利用。新建、改建、扩建规模化畜禽养殖场(小区)要建设雨污分流设施,不能让雨水混入到粪污中。

### 二、适用畜禽

肥水利用和垫料回用技术模式通常在耕地消纳比较紧张，自然环境无法消纳过多粪污的区域采用,主要适用于规模化奶牛和生猪养殖场(小区)。该技术项目前期投资大,运行成本高,对操作技术和管理水平要求严格,是城市郊区和发达城市处理畜禽粪污的较理想模式。

生猪和奶牛养殖场(小区)用水量大,污水产生量多,应尽可能采用节水技术和干清粪技术,减少粪水产生量。粪污经过好氧、厌氧处理,排出的肥水要达到国家或地方肥水标准要求,固体粪便经过堆肥腐熟发酵可生产有机肥。

## 三、技术模式

### (一)肥水利用技术模式

生猪和奶牛养殖场(小区)产生的粪水厌氧发酵或氧化塘贮存处理后,利用管网在附近的种植基地施肥和灌溉期时,可将肥水与灌溉用水按照一定的比例混合,进行水肥一体化利用,固体粪便进行堆肥发酵就近使用,或生产有机肥,或集中处理。

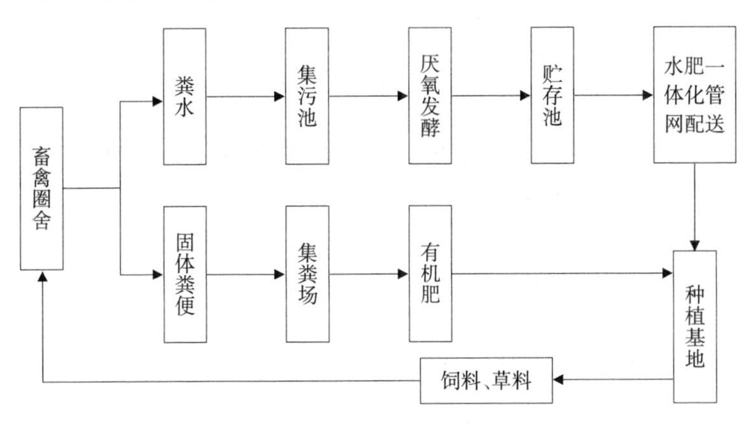


**图 4-5 肥水利用技术模式工艺流程图**

粪水经过厌氧发酵或多级氧化塘处理后,成为可为农田提供肥源的肥水,是解决粪水处理的有效途径。要建贮存设施,配套相应的农田和肥水输送管网或肥水运输车辆。

### (二)粪便垫料回用技术模式

粪污固液分离后,粪水、冲洗水多级氧化塘处理后贮存,最后作为肥水利用;固体粪便进行好氧发酵处理,生产有机肥或作垫料,在奶牛、肉牛场(小区)牛粪代替沙子和土作为垫料,降低了粪污后续处理难度。该技术模式比较适合于牛场(小区)。

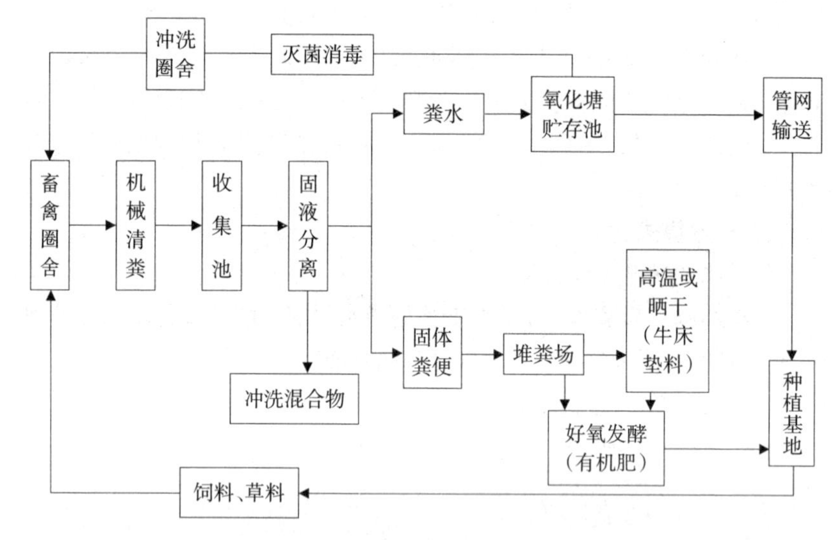


图 4-6　粪便垫料回用技术模式工艺流程图

粪便垫料回用技术模式是基于牛粪便纤维素含量高、质地松软的特点,将牛粪污固液分离后,干粪经过高温杀菌发酵好后晒干作为牛床垫料。牛床垫料古人也有用过,在中国杰出农学家贾思勰所著的一部综合性农学著作《齐民要术》总结出“踏粪法”,就是把秸秆谷糠等废弃物收集起来,投到牛的蹄子下面,“每日布牛脚下三寸厚”,加上牛的粪便尿液,在经过牛的踩踏,第二天收集起来堆放发酵。祖先创立的这种堆粪法,直到今天我们还在沿用,尤其是生产有机肥时要调碳氮比(25:1~30:1)。

**四、利用指标**

集约化畜禽养殖业水污染最高允许日均排放浓度标准,要符合《畜禽养殖业污染物排放标准》(GB 18596—2001),五日生化需氧量、化学需氧量、悬浮物、氨氮 、总磷、粪大肠菌群数、蛔虫卵,分别不能超过 150 mg/L、400 mg/L、200 mg/L、80 mg/L、8.0 mg/L、10 000 个/L、2.0 个/L。(见表 4-5)

表 4–5 集约化畜禽养殖业水污染最高允许日均排放浓度

| 控制项目 | 标准值 |
| --- | --- |
| 五日生化需氧量 / mg·L$^{-1}$ | 150 |
| 化学需氧量 / mg·L$^{-1}$ | 400 |
| 悬浮物 / mg·L$^{-1}$ | 200 |
| 氨氮 / mg·L$^{-1}$ | 80 |
| 总磷(以 P 计) / mg·L$^{-1}$ | 8.0 |
| 粪大肠菌群数 / 个·L$^{-1}$ | 10 000 |
| 蛔虫卵 / 个·L$^{-1}$ | 2.0 |

注:来源于《畜禽养殖业污染物排放标准》(GB 18596–2001)。

畜禽养殖业废渣无害化环境标准,也按照《畜禽养殖业污染物排放标准》(GB 18596—2001)执行。(见表 4–6)

表 4–6 畜禽养殖业废渣无害化环境标准

| 控制项目 | 指标 |
| --- | --- |
| 蛔虫卵 | 死亡率≥95% |
| 粪大肠菌群数 | ≤$10^3$ 个/kg |

注:来源于《畜禽养殖业污染物排放标准》(GB 18596—2001)。

集约化畜禽养殖业恶臭污染物排放标准,还是按照《畜禽养殖业污染物排放标准》(GB 18596—2001)执行。(见表 4–7)

表 4–7 集约化畜禽养殖业恶臭污染物排放标准

| 控制项目 | 标准值 |
| --- | --- |
| 臭气浓度(无量纲) | 70 |

注:来源于《畜禽养殖业污染物排放标准》(GB 18596—2001)。

集约化畜禽养殖业干清粪工艺最高允许排水量标准,依然按照《畜禽养殖业污染物排放标准》(GB 18596—2001)执行。(见表 4–8)

表 4–8 集约化畜禽养殖业干清粪工艺最高允许排水量

| 种类 | 牛 / $m^3$·(百头$^{-1}$·$d^{-1}$) | | 鸡 / $m^3$·(千只$^{-1}$·$d^{-1}$) | | 猪 / $m^3$·(百头$^{-1}$·$d^{-1}$) | |
|---|---|---|---|---|---|---|
| 季节 | 冬季 | 夏季 | 冬季 | 夏季 | 冬季 | 夏季 |
| 标准值 | 17 | 20 | 0.5 | 0.7 | 1.2 | 1.8 |

注：来源于《畜禽养殖业污染物排放标准》(GB 18596—2001)。

每动物单位的动物日产粪便量及粪便密度标准按照《畜禽粪便贮存设施设计要求》(GB/T 27622—2011)实施。(见表 4–9)

表 4–9 每动物单位的动物日产粪便量及粪便密度

| 参数名称 | 单位 | 动物种类 | | | | | | | | | | |
|---|---|---|---|---|---|---|---|---|---|---|---|---|
| | | 猪 | 肉牛 | 奶牛 | 小肉牛 | 蛋鸡 | 肉鸡 | 火鸡 | 鸭 | 山羊 | 绵羊 | 马 |
| 鲜粪 | kg | 84 | 58 | 86 | 62 | 64 | 85 | 47 | 110 | 40 | 41 | 51 |
| 粪便密度 | kg/$m^3$ | 990 | 1000 | 990 | 1000 | 970 | 1000 | 1000 | — | 1000 | 1000 | 1000 |

注：1.“—”表示未测。

2.每 1000 kg 畜禽活体重为一个动物单位。

3.资料来源于《畜禽粪便贮存设施设计要求》(GB/T 27622—2011)。

## 第四节 土地承载力测算技术

国务院办公厅《关于加快推进畜禽养殖废弃物资源化利用的意见》提出：“到 2020 年，建立科学规范、权责清晰、约束有力的畜禽养殖废弃物资源化利用制度，构建种养循环发展机制，全国畜禽粪污综合利用率达到 75%以上，规模养殖场(小区)粪污处理设施装备配套率达到 95%以上，大型规模养殖场(小区)粪污处理设施装备配套率提前一年达到 100%。畜牧大县、国家现代农业示范区、农业可持续发展试验示范区和现代农业产业园率先实现上述目标。”该意见指导各地优化调整畜牧业区域布局，促进种养结合、农牧全产业链循环发展，加快推进畜禽粪污资源化利用，引导畜牧业绿色发展。畜禽粪污土地承载力测算技术是实现种养结合清洁生产的重要预警措施。

## 一、概念

1.畜禽粪污土地承载力:是指在土地生态系统可持续运行的条件下,一定区域内耕地、林地和草地等所能承载的最大畜禽存栏量。

2.畜禽规模养殖场(小区)粪污消纳配套土地面积:是指畜禽规模养殖场(小区)产生的粪污养分全部或部分还田利用所需要的土地面积。

3.畜禽粪肥(简称粪肥):是指以畜禽粪污为主要原料通过无害化处理,充分杀灭病原菌、虫卵和杂草种子后作为肥料还田利用的堆肥、肥水和商品有机肥。

## 二、适用范围

该技术适用于区域畜禽粪污土地承载力和畜禽规模养殖场(小区)粪污消纳配套土地面积的测算。因地制宜,可按照地方畜禽粪污来源、土地性质和有机肥与化肥配合施用比例选择适宜的测算方法。

## 三、测算技术原则

1.畜禽粪污土地承载力及规模养殖场(小区)配套土地面积测算以粪肥氮养分供给和植物氮养分需求为基础进行核算，对于设施蔬菜等作物为主或土壤本底值磷(P)含量较高的特殊区域或农用地,可选择以磷(P)为基础进行测算。畜禽粪肥养分需求量根据土壤肥力、作物类型和产量、粪肥施用比例等确定。畜禽粪肥养分供给量根据畜禽养殖量、粪污养分产生量、粪污收集处理方式等确定。

2.猪当量指用于衡量畜禽氮(磷)排泄量的度量单位,1 头猪为 1 个猪当量。1 个猪当量的 N 排泄量为 11 kg,磷(P)排泄量为 1.65 kg。按存栏量折算:100 头猪相当于 15 头奶牛、30 头肉牛、250 只羊、2 500 只家禽。生猪、奶牛、肉牛固体粪便中氮素占氮(N)排泄总量的 50%,磷素占 80%;羊、家禽固体粪便中氮(磷)素占 100%。

## 四、测算方法

1.区域内土地畜禽粪污承载力测算方法

(1)区域土地可承载的粪肥氮(磷)总量　根据区域内种植作物种类、产量,计算所需氮(磷)总量,除过土壤已有的氮(磷)量,不足的用化肥和粪肥补充。按照植物(包括农作物、人工牧草、人工林地等)生产中粪肥氮(磷)投入占总施肥养分投入的比例,粪肥中氮(磷)当季利用率,推算出改区域当季可承载的粪肥。

计算方法如下：

$$E_{植物总氮(磷)}=E_{农作物总氮(磷)}+E_{人工牧草总氮(磷)}+E_{人工林地总氮(磷)}+E_{其他}$$

区域内植物（包括农作物、人工牧草、人工林地等）氮（磷）养分需求总量公式如下：

$$E=\sum_{i=1}^{n}[P_i \times f_i]\times 10^{-3}$$

$E$：区域内某类植物（包括农作物、人工牧草、人工林地等）氮（磷）养分需求总量，t/a。

$n$：区域内农作物或人工牧草或人工林地种植的品种数量。

$P_i$：区域内农作物或人工牧草或人工林第 $i$ 个品种年总产量，t/a。

$f_i$：区域内农作物或人工牧草第 $i$ 个品种 1$t$ 收货物需要的或第 $i$ 个人工林地的单位面积年生长量所需要吸收的氮（磷）养分量，t/hm$^2$。见表 4-10，如有实测值也可用。

**表 4-10　不同植物形成 1t 产量需要吸收 N、P 量推荐值($f_i$)**

单位：kg/t

| 作物种类 | 氮(N) | 磷(P) |
|---|---|---|
| 小麦 | 30.00 | 10.00 |
| 大麦 | 22.30 | 10.00 |
| 燕麦 | 30.00 | 10.00 |
| 青稞 | 21.40 | 6.50 |
| 高粱 | 22.90 | 6.10 |
| 水稻 | 22.00 | 8.00 |
| 玉米 | 23.00 | 3.00 |
| 谷子 | 38.00 | 4.40 |
| 荞麦 | 33.00 | 15.00 |
| 大豆 | 72.00 | 7.48 |
| 蚕豆 | 34.00 | 30.60 |
| 豌豆 | 53.90 | 43.00 |
| 绿豆 | 37.70 | 75.00 |
| 红小豆 | 49.00 | 31.00 |
| 芸豆 | 66.70 | 21.60 |

续表

| 作物种类 | 氮(N) | 磷(P) |
|---|---|---|
| 棉花 | 117.00 | 30.40 |
| 马铃薯 | 5.00 | 0.88 |
| 红薯 | 4.47 | 12.20 |
| 黄瓜 | 2.80 | 0.90 |
| 番茄 | 3.30 | 1.00 |
| 青菜 | 6.74 | 0.1 |
| 甘蓝 | 4.30 | 2.10 |
| 冬瓜 | 4.40 | 1.80 |
| 青椒 | 5.10 | 1.07 |
| 茄子 | 3.40 | 1.00 |
| 大白菜 | 1.50 | 0.70 |
| 萝卜 | 2.80 | 0.57 |
| 大葱 | 1.90 | 0.36 |
| 生菜 | 2.20 | 7.00 |
| 大蒜 | 8.20 | 1.46 |
| 桃 | 2.10 | 0.33 |
| 葡萄 | 7.40 | 5.12 |
| 香蕉 | 7.30 | 2.16 |
| 杏 | 14.20 | 7.10 |
| 苹果 | 3.00 | 0.80 |
| 梨 | 4.70 | 2.30 |
| 柑橘 | 6.00 | 1.10 |
| 胡麻 | 71.90 | 8.87 |
| 甘蔗 | 1.80 | 0.16 |
| 山药 | 0.50 | 0.33 |
| 甜菜 | 4.80 | 0.62 |
| 烟叶 | 38.50 | 5.32 |
| 茶叶 | 64.00 | 8.80 |
| 苜蓿 | 2.00 | 2.00 |
| 饲用燕麦 | 25.00 | 8.00 |
| 桉树 | 3.3 $kg/m^3$ | 3.3 |
| 杨树 | 2.5 $kg/m^3$ | 2.5 |

(2)区域植物粪肥养分需求量　根据不同土壤肥力下，区域内植物氮(磷)总养分需求量中需要施肥的比例、粪肥占施肥比例和粪肥当季利用效率测算，计算方法如下：

$$C=\frac{E_{植物总氮(磷)}\times K\times F}{R}$$

$C$：区域内植物粪肥养分需求量，t/a。

$E_{植物总氮(磷)}$：区域内植物(包括农作物、人工牧草、人工林地等)氮(磷)养分需求总量，t/a。

$K$：区域内土壤中不同氮、磷(N、P)养分等级下总施肥的比例，%。(见表 4-11)

$F$：区域内畜禽养分需求量占施肥养分总量的比例，单位：%，化肥和有机肥的配合施用对提高植物生产和改良土壤效果比较明显，有机肥替代化肥的比例一般推荐占比 50%，也可以根据区域特性、植物喜好和经济状况适当调整，确定合适的有机肥和化肥的搭配比例是该项技术的关键，可征求当地种植专家的意见。

$R$：粪肥当季利用率，%。不同区域的粪肥占施肥比例根据当地实际情况确定；粪肥中氮素当季利用率取值范围推荐值为 25%~30%，磷素当季利用率取值范围推荐值为 30%~35%，具体根据当地实际情况确定。

**表 4-11　土壤中不同 N、P 养分等级下总施肥的比例($K$)**

| 项目 | 土壤中 N、P 养分等级 | | |
|---|---|---|---|
| | 1 级 | 2 级 | 3 级 |
| 总施肥的比例 | 30%~40% | 40%~50% | 50%~60% |
| 土壤全氮含量 | 单位：(mg/kg) | | |
| 旱地 | 大于 1 000 | 800~1 000 | 小于 800 |
| 水地 | 大于 1 200 | 1 000~1 200 | 小于 1 000 |
| 菜地 | 大于 1 200 | 1 000~1 200 | 小于 1 000 |
| 果园 | 大于 1 000 | 800~1 000 | 小于 800 |
| 土壤有效磷含量 | 大于 40 | 20~40 | 小于 20 |

（3）单位猪当量粪肥养分供给量　综合考虑畜禽粪污养分在收集、处理和贮存过程中的损失，单位猪当量氮养分供给量为 7.0 kg，磷（P）养分供给量为 1.2 kg。

（4）区域内土地畜禽粪污承载力　区域内土地畜禽粪污承载力等于区域植物粪肥养分需求量除以单位猪当量粪肥养分供给量（以猪当量计）。

计算方法如下：

$$M_{氮}=\frac{C\times 1\,000}{7} \qquad M_{磷}=\frac{C\times 1\,000}{1.2}$$

2.规模养殖场（小区）配套土地面积测算方法

（1）规模养殖场（小区）粪肥养分供给量　根据规模养殖场（小区）饲养畜禽存栏量、畜禽氮（磷）排泄量、养分留存率测算，计算公式如下：

$$Q=\sum_{i=1}^{n}[B_i \times e_i] \times r \times 365 \times 1\,000$$

$Q$：规模养殖场（小区）粪肥养分供给量，t/a。

$n$：规模养殖场（小区）所有畜禽种类。

$B_i$：规模养殖场（小区）各种畜禽存栏量，头（只）。

$e_i$：规模养殖场（小区）各种畜禽氮（磷）日产生量，kg/［头（只）·d］。不同畜禽的氮（磷）养分日产生量可以根据实际测定数据获得，无测定数据的可根据猪当量进行测算。

$r$：规模养殖场（小区）各种畜禽氮（磷）养分留存率，%。固体粪污以沼气工程处理的额，粪污收集处理过程中氮留存率推荐值为 65%（磷留存率为 65%）；固体粪便堆肥和厌氧发酵后农田利用的，粪污收集处理过程中氮留存率推荐值为 62%（磷留存率为 72%）。

**表 4-12　不同畜禽平均日排泄氮（磷）量（$e_i$）**

单位：kg/［头（只）·d］

| 饲养阶段 | 粪尿氮排泄量 | 粪尿磷排泄量 |
|---|---|---|
| 肉牛 | $109.0\times10^{-3}$ | $14.0\times10^{-3}$ |
| 青年奶牛 | $116.0\times10^{-3}$ | $16.5\times10^{-3}$ |
| 泌乳牛 | $250.0\times10^{-3}$ | $41.7.0\times10^{-3}$ |

续表

| 饲养阶段 | 粪尿氮排泄量 | 粪尿磷排泄量 |
|---|---|---|
| 保育猪 | $18.3\times10^{-3}$ | $2.5\times10^{-3}$ |
| 育肥猪 | $36.3\times10^{-3}$ | $5.2\times10^{-3}$ |
| 妊娠母猪 | $46.0\times10^{-3}$ | $8.2\times10^{-3}$ |
| 育雏育成鸡 | $0.79\times10^{-3}$ | $0.18\times10^{-3}$ |
| 产蛋鸡 | $1.17\times10^{-3}$ | $0.31\times10^{-3}$ |
| 肉鸡 | $1.24\times10^{-3}$ | $0.31\times10^{-3}$ |
| 肉鸭 | $1.5\times10^{-3}$ | $1.2\times10^{-3}$ |
| 山羊 | $11.3\times10^{-3}$ | $2.35\times10^{-3}$ |
| 绵羊 | $12.2\times10^{-3}$ | $0.92\times10^{-3}$ |

(2)单位土地粪肥养分需求量　根据不同土壤肥力下,单位土地养分需求量、施肥比例、粪肥占施肥比例和粪肥当季利用效率测算,计算方法如下:

$$a=\frac{C\times K\times F}{R}$$

$a$:规模养殖场(小区)周边单位土地粪肥养分需求量,t/a。

$c$:规模养殖场(小区)周边单位土地养分需求量,t/a。单位土地养分需求量为规模养殖场(小区)单位面积配套土地种植的各类植物在目标产量下的氮(磷)养分需求量之和,各类作物的目标产品可以根据当地平均产量确定,具体参照区域植物养分需求量计算。

$K$:规模养殖场(小区)周边土壤中不同氮、磷(N、P)养分等级下施肥的比例,%。

$F$:规模养殖场(小区)畜禽养分需求量占施肥养分总量的比例,%。化肥和有机肥的配合施用对提高植物生产和改良土壤效果比较明显,有机肥替代化肥的比例一般推荐占比50%,也可以根据区域特性、植物喜好和经济状况适当调整,确定合适的有机肥和化肥的搭配比例是该项技术的关键,可征求当地种植专家的意见。

$R$:粪肥当季利用率,%。不同区域的粪肥占施肥比例根据当地实际情况确定；粪肥中氮素当季利用率取值范围推荐值为25%~30%，磷素当季利用率取值范围推荐值为30%~35%，具体根据当地实际情况确定。

规模养殖场（小区）配套土地面积等于规模养殖场（小区）粪肥养分供给量（对外销售部分不计算在内）除以单位土地粪肥养分需求量。

$$m=\frac{Q\times1000}{a}\times h$$

$m$：规模养殖场（小区）需要配套的土地面积，$hm^2$。

$Q$：规模养殖场（小区）粪肥养分供给量，t/a。

$a$：规模养殖场（小区）周边单位土地粪肥养分需求量，kg/a。

$h$：规模养殖场（小区）周边不同作物目标产量，$t/hm^2$。

**表4-13 不同植物目标产量及土地承载力（$h$）**

| 作物种类 | | 目标产量 /$t\cdot hm^{-2}$ | 土地承载力/猪当量·亩$^{-1}$·当季$^{-1}$ | |
|---|---|---|---|---|
| | | | 以N为基础 | 以P为基础 |
| 大田作物 | 小麦 | 4.5 | 1.2 | 1.9 |
| | 水稻 | 6.0 | 1.1 | 2.0 |
| | 玉米 | 6.0 | 1.2 | 0.8 |
| | 谷子 | 4.5 | 1.5 | 0.8 |
| | 大豆 | 3.0 | 1.9 | 0.9 |
| | 棉花 | 2.2 | 2.2 | 2.8 |
| | 马铃薯 | 20.0 | 0.9 | 0.7 |
| 蔬菜 | 黄瓜 | 75.0 | 1.8 | 2.8 |
| | 番茄 | 75.0 | 2.1 | 3.1 |
| | 青椒 | 45.0 | 2.0 | 2.0 |
| | 茄子 | 67.5 | 2.0 | 2.8 |
| | 大白菜 | 90.0 | 1.2 | 2.6 |
| | 萝卜 | 45.0 | 1.1 | 1.1 |
| | 大葱 | 55.0 | 0.9 | 0.8 |
| | 大蒜 | 26.0 | 1.8 | 1.6 |

续表

| 作物种类 | | 目标产量 /t·hm$^{-2}$ | 土地承载力/猪当量·亩$^{-1}$·当季$^{-1}$ | |
|---|---|---|---|---|
| | | | 以 N 为基础 | 以 P 为基础 |
| 果树 | 桃 | 30.0 | 0.5 | 0.4 |
| | 葡萄 | 25.0 | 1.6 | 5.3 |
| | 香蕉 | 60.0 | 3.8 | 5.4 |
| | 苹果 | 30.0 | 0.8 | 1.0 |
| | 梨 | 22.5 | 0.9 | 2.2 |
| | 柑橘 | 22.5 | 1.2 | 1.0 |
| 经济作物 | 油料 | 2.0 | 1.2 | 0.7 |
| | 甘蔗 | 90.0 | 1.4 | 0.6 |
| | 甜菜 | 122.0 | 5.0 | 3.2 |
| | 烟叶 | 1.6 | 0.5 | 0.3 |
| | 茶叶 | 4.3 | 2.4 | 1.6 |
| 人工草地 | 苜蓿 | 20.0 | 0.3 | 1.7 |
| | 饲用燕麦 | 4.0 | 0.9 | 1.3 |
| 人工林地 | 桉树 | 30 m$^3$/hm$^2$ | 0.9 | 4.2 |
| | 杨树 | 20 m$^3$/hm$^2$ | 0.4 | 2.1 |

注:土壤氮养分水平 II,粪肥比例 50%,氮当季利用率 25%,磷当季利用率 30%,畜禽产生的粪污全部就地利用。

## 第五节　饲料减排技术

### 一、概述

农牧业发展中,农业生产经营管理者和农民都希望“五谷丰登,六畜兴旺”,在这种发展理念的指导下,种植业和养殖业都走上了规模化发展的道路,在农业集中产出的同时,废弃物也集中产生。就养殖业而言,规模养殖场(小区)畜禽粪污处理能力和技术工艺的发展没能赶得上畜禽养殖规模发展的速度,导致畜禽粪污产生量大于综合利用和无害化处理量。据统计,我国每年产生的畜禽粪污高达38亿t,而综合利用率不到60%,给生态环境带来了巨大挑战。据2007年全国农业环境科学峰会指出,目前我国畜禽粪便年排放量超过40亿t,是工业有机污染物的4.1倍。

畜禽粪污中富含氮、磷等营养成分,也富含抗生素和铜、锌和镉等重金属,粪污的丢弃、随意堆置和不合理利用,都给环境带来危害。我国畜禽养殖也离不开抗生素,全世界没有一个国家的养殖业不使用抗生素,但如果对畜禽摄入的氮、磷、抗生素和重金属进行有效控制,也能从源头上最大限度的限制氮、磷、抗生素和重金属过度使用带来的负面影响,促进畜禽养殖业健康可持续发展,所以,减少饲料中氮、磷使用,降低抗生素和重金属的添加,是粪污资源化利用技术中重要减排技术。

饲用微生物菌剂是改善动物肠道菌群,提高动物免疫力,提高饲料消化吸收利用率,减少粪污产生量、臭气产生量和降低后期粪污处理难度,实现源头减量的重要减排技术。目前,饲用微生物菌剂常见的有三类,乳酸菌类、芽孢杆菌类和酵母类,应用的方法有直接饲用和发酵饲料良种。饲用微生物菌剂的使用有两种形态,分别是固态制剂和液态制剂;发酵饲料使用分为干发酵饲料使用菌剂和新鲜发酵饲料使用菌剂;发酵饲料类型分为原料发酵饲料和全价发酵饲料。

### 二、适用范围

减排技术不但适用于规模化畜禽养殖场(小区),也适用于小型养殖户。养殖种类主要是肉牛、生猪、奶牛、蛋鸡和肉鸡,其他畜禽也可以参考。

### 三、基本原则

1.设定上限

畜禽日粮中的氮、磷、抗生素和重金属要按照各个阶段动物营养需要设定上限,超过规定即为过量使用,加以限制。

2.分群饲养

及时淘汰低产和品种不良的畜禽,预留或选育出生产效率高的畜禽,然后根据动物月龄、体重、性别、用途和生理阶段等将畜禽分群饲养,群体间的饲料配方和原料配比,按照畜禽不同饲养阶段和原料类别及时做出调整,并且不断动态变化。科学合理的饲养配方既可以提高饲料利用率,又能减少畜禽排泄物中养分的浪费。

3.科学配料

精料和粗饲料要按照饲料的营养特点合理搭配,养殖场(小区)的每一批饲料都需要做监测,根据检测数据和动物体的营养需要,可参照《动物营养参数与饲养标准》搭配日粮配方。

4.适度调节

饲用微生物菌剂的应用,在很大程度上减少了抗生素的使用,维持的畜禽机体的健康水平,提高了畜禽生产水平,降低了粪污处理难度,节约饲养成本。

**四、减排技术方法**

减排技术主要措施有四种:一是饲养管理上减少饲料投放是的洒落和喝水时的遗漏;二是改变饲料加工技术条件,改变饲料存在形式;三是科学合理搭配饲料配方,提高饲料消化性;四是通过添加酶制剂、微生物菌剂和可消化氨基酸,提高饲料利用率。

(一)氮(N)、磷(P)减排

1.氮、磷在畜禽体内代谢规律

畜禽粪污中氮来源于饲料中未利用的蛋白质和蛋白质代谢的产物。与畜禽饲养管理和饲料营养成分有关,饲料中的蛋白质畜禽消化系统中的蛋白酶和肽酶的作用下,消化分解成畜禽易于吸收的氨基酸,吸收后进一步合成动物体蛋白质,生产肉蛋奶。反刍动物瘤胃菌体蛋白是机体蛋白质的主要来源,饲料进入瘤胃,瘤胃微生物会将部分植物蛋白分解合成菌体蛋白,菌体蛋白和饲料中未降解的蛋白一同进入真胃和小肠,大部分被消化吸收利用。

磷是动物体最丰富的元素之一,畜禽生长和生产所需要的磷都来源于采食的草料,谷物类饲料含磷比较多,但是饲料中的磷 50%~85%以植酸磷的形式存在,植酸磷的消化吸收离不开植酸酶,家禽和生猪体内缺少植酸酶,大多数植酸磷排到了体外。

2.氮、磷减排技术方法

畜禽集体所需要的氨基酸主要来源于植物性蛋白饲料,按照机体是否能够合成或合成速度是否能达到机体需要量,将氨基酸分为必需氨基酸和非必需氨基酸,必需氨基酸必须从饲料中获取,可根据动物种类提高日粮中必需氨基酸的含量,减少蛋白质的含量,每降低粗蛋白质 1%则可以降低氨排放量 10 %,降低肉鸡日粮 2 %粗蛋白质可以降低 16 %的氮排泄。Meluzzi 等(2001)研究发现,产蛋高峰期蛋鸡添加氨基酸实现氨基酸平衡后将日粮粗蛋白质由 17 %降低至 15 %, 粪中氮含量下降 50 %。说明利用可消化氨基酸技术配制氨基酸平衡日粮是一种降低氮的有效有效减低粪便中氮的排泄。反刍动物日粮中可添加过瘤胃蛋白, 或者补充膨化、发酵过得非蛋白氮,有效起到减少粪尿中氮的排泄。但是在中华人民共和国农业部第 2625 号公告《饲料添加剂安全使用规范》(以下简称《规范》)要求"饲料企业和养殖者使用非蛋白氮类饲料添加剂,除应遵守本《规范》对单一品种的最高限量规定外,全混合日粮中所有非蛋白氮总量折算成粗蛋白当量不得超过日粮粗蛋白总量的 30%。"

$NH_3$ 是鸡粪中的臭气的主要来源, 含氮化合物经过厌氧发酵产生,具有强烈的刺激性气味,能够影响家禽的生长和免疫力。研究认为,当肠道中大肠杆菌等有害菌活动增强时会导致蛋白质腐败,从而使氨气产生量增加。而肠道中有益菌增加时可以降低有害菌的繁殖,有助于减少氨和腐败物质的生成,降低粪便的臭气产生。控制氨气的产生可通过增加有益微生物抑制肠道微生物的繁殖来达到目的。益生素是一种由多种有益菌组成的微生态制剂,能够起到调控肠道微生物菌群平衡,抑制肠道中大肠杆菌等有害菌活动。王晓霞等(2006)研究得出,肉鸡饲粮中添加果寡糖降低发酵粪中 $NH_3$ 和 $H_2S$ 散发量分别是 38.38%和 24.35%,而同时添加果寡糖和枯草芽孢杆菌降低发酵粪中 $NH_3$ 和 $H_2S$ 散发量达到 62.14%和 28.49%,添加益生菌对降低 $NH_3$ 的效果非常明显。

磷是畜禽体内第二大矿物元素,是骨骼和牙齿的主要成分,同时在参与体内多种代谢和维持细胞膜稳定等方面具有重要功能。饲粮中未被消化的植酸磷和磷酸盐是畜禽粪尿中磷的主要来源,为了保证生猪和家禽对磷的需要,饲料中添加大量无机磷,未被利用的植酸磷则随粪便排出,可通过添加植酸酶的办法,有效利用饲料中的植酸磷,按照每克植酸磷添加植酸酶 150 个酶活力单位,同时相应的减少无机磷的添加。研究显示,养殖场(小区)粪污中含磷量都很高,如猪粪中含磷量为 1.72%~2.70%,牛粪中含磷量为 0.44%~0.53%,猪场废水中含磷量为 499.76 mg/L,牛场固液分离污水中含磷量为261.99 mg /L。Bai等研究表明,2010年我国畜禽摄入的磷总量为545万t，仅有80万t转化为成了畜禽产品,460万t磷随粪尿排出体外。

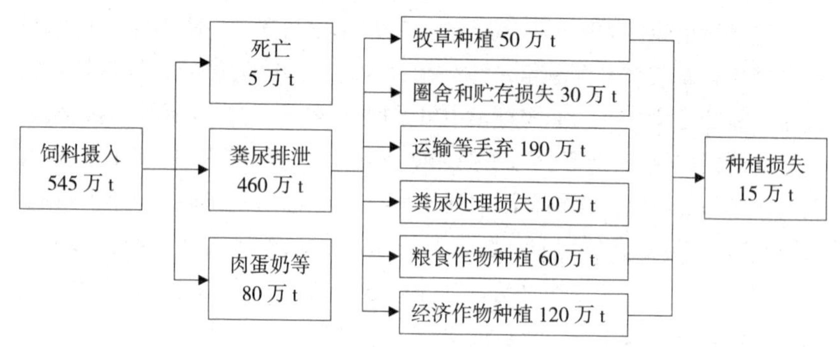


**图4–7　2010年我国畜禽养殖磷元素损失规律**

猪、禽类等单胃动物机体中植酸酶活性较低,植酸磷的利用率很低。研究表明,猪只能利用玉米和豆粕中磷的10%~20%和25%~35%,剩余的随粪尿排出。在饲粮中添加植酸酶能使植酸中的磷转化成为无机磷。研究表明,在肉鸡、蛋鸡、猪饲粮中添加植酸酶均能提高饲粮中植物来源磷的利用效率,可以降低饲粮中30%~75%的磷酸盐用量。但是,添加植酸酶不是添加量越大越好,因为可能会增加粪中游离或可溶磷含量。因此,在饲粮中使用植酸酶时应根据日粮中植酸磷的含量和集体的需要量添加,避免因植酸酶使用不当对环境造成潜在的二次污染。

（二）重金属减排

1.重金属在畜禽体内代谢规律

微量元素对畜禽生长、生产、发育和繁殖具有非常重要的作用,是畜禽养殖业饲料不可缺少的添加剂,微量元素缺乏症将导致畜禽生长发育受限,神经系统受损害,免疫力降低。Braude研究表明,在日粮中添加高剂量的铜(125~250 mg/kg)可提高育肥猪的生长速度和饲料利用率。Poulsen研究显示,高剂量氧化锌(2 500 mg/kg)可降低保育猪腹泻的发病率,并具有促生长作用。市场上的饲料中,猪饲料中铜的添加量为250 mg/kg,锌(氧化锌形式)添加量为2 500~3 000 mg/kg,远远超过猪对铜、锌正常需要量的2.6~6.0 mg/kg和40~80 mg/kg，国家目前还没有这方面的法律法规要求，农业部对全国饲料产品的抽查结果显示，不合格饲料产品主要就是铜、锌严重超标，占不合格产品的30%以上。畜禽饲料中添加的微量元素多以无机物的形式存在，动物体吸收利用的不多，大部分随粪尿排泄。微量元素添加剂中的铜、锌和镉是土壤中限制的微量元素，也是减排的主要目标元素。锌、镉为伴生矿，所以锌源中往往存在镉超标的问题。黄逸红等研究表明，市场上38%饲料镉含量≥20 mg/kg，31.7%的饲料样品镉≥100 mg/kg以，严重超标。

2.重金属减排技术方法

选择优质的有机微量元素添加剂是微量元素饲料减排的主要方法之一，就是利用金属元素与蛋白质、氨基酸、小肽、多糖衍生物、有机酸等通过共价键或离子键结合而形成螯合物或络合物，在螯合或络合状态下利用配位体进行转运，避免金属离子在肠道吸收时的竞争拮抗，提高吸收效率。冯定远等研究表明，有机微量元素的络合物每个配位体只有一个配位原子，在肠道酸环境下稳定性差，容易水解；如果是螯合物，有机微量元素可以和两个及以上配位体结合，形成牢固的结合结构，稳定性强，不宜水解，大大提高了有机微量元素生物学利用率。洪东等研究表明，小肽螯合有机微量元素大大增加了微量元素在机体内的吸收位点，提高了微量元素吸收速度与吸收效率，螯合强度大，在胃肠道酸性环境下水解率低，是目前比价理想的有机微量元素添加剂。龙丽娜等研究发现，仔猪日粮中添加500 mg/kg纳米ZnO与3 000 mg/kg普通ZnO的促生长、抗腹泻效果一样，降低ZnO使用量83%以上。田丽娜等研究发现，日粮中添加40 mg/kg的纳米ZnO比80 mg/kg硫酸锌，显著提高肉仔鸡的抗氧化性能，从而减少ZnO使用量50%。

章明奎等研究表明，畜禽粪中Cd、Cr、Hg、Ni和Pb等重金属含量较低，但Cu和Zn含量普遍较高。Cu和Zn含量分别在18.56~1 788.04 mg/kg和12.46~10 056.68 mg/kg之间，平均值分别为525.38 mg/kg和897.14 mg/kg。与我国农用污泥污染物控制的国家标准《农用污泥污染物控制》(GB 4284-2018)相比，Cu和Zn的超标率分别为53.55%和43.87%。为了减少环境污染，2017年，欧洲委员会投票通过5年内在所有欧盟国家分阶段逐步停止使用ZnO作为兽医治疗手段的决定。中华人民共和国农业部第2625号公告《饲料添加剂安全使用规范》要求“仔猪(≤25 kg)配合饲料中锌元素的最高限量为 110 mg/kg，但在仔猪断奶后前两周特定阶段，允许在此基础上使用氧化锌或碱式氯化锌至 1 600 mg/kg（以锌元素计）。饲料企业生产仔猪断奶后前两周特定阶段配合饲料产品时，如在含锌 110 mg/kg 基础上使用氧化锌或碱式氯化锌，应在标签显著位置标明“本品仅限仔猪断奶后前两周使用”，未标明但实际含量超过 110 mg/kg 或者已标明但实际含量超过 1 600 mg/kg 的，按照超量使用饲料添加剂处理。”

（三）抗生素减排

1.抗生素在畜禽体内代谢规律

抗生素（antibiotics）是由微生物（包括细菌、真菌、放线菌属）或高等动植物体所产生的，在稀释状态，能抑制或者杀死其他微生物的化学物质，包括 β-内酰胺类、大环内酯类、氨基糖苷类、四环素类、氯霉素类、多肽类、林可霉素类和其他抗生素等八类。动物机体摄入的抗生素未被完全利用的或其代谢产物随粪便一起排出，Sarmah 研究显示，畜禽养殖业中 30%~90%的抗生素未被动物内脏器官所吸收和利用，以原药或者其代谢产物形式通过粪尿排出体外，抗生素及其代谢产物在一定浓度下具有活性且保持较长时间，这会对土壤动植物、微生物和酶造成生态毒理作用，在浓度时，不能单独表现毒理效果，多种抗生素混合时会诱导联合毒性产生。粪污施入土壤中后，抗生素可能通过水分，被作物吸收，且多种抗生素的毒性不是单一毒性叠加，通过作物生产的食物在被人食用后将对人体造成危害，尤其是婴幼儿。如果在畜禽养殖环节正确使用抗生素，可以减少人体感染人畜共患病病原菌的概率。所以，如何合理规范使用抗生素，减少或降低抗生素对人类潜在的危害迫在眉睫。

2.抗生素减排技术方法

1986 年瑞典宣布禁止抗生素兽用，成为世界上第一个禁止抗生素兽用的国家，2006 年欧盟禁止抗生素兽用。薛选登和尹敬茹研究显示，抗生素的滥用导致我国畜产品出口受到了极大的限制，2010 年我国活猪出口 172 万头，2012 年下降到 164 万头；2008 年活禽出口 1 166 万只，2012 年下降到 736 万只。2016 年我国把遏制细菌耐药列入国家行动计划，2017 年美国也禁止抗生素兽用，2017 年我国《关于发布〈药物饲料添加剂品种目录及使用规范〉的公告（征求意见稿）》药物饲料添加剂使用规范要求如下（见表 4-14）。

表 4–14 畜禽饲料添加药物目录

| 抗生素(药物)名称 | 适用畜禽 | 饲料添加量/$mg \cdot kg^{-1}$ | 作用及用途 | 休药期/d | 注意事项 |
|---|---|---|---|---|---|
| 氯羟吡啶预混剂 | 鸡 | 鸡:125 | 抗球虫药,用于治疗鸡球虫病 | 鸡:5 | 1.蛋鸡产蛋期禁用。2.能抑制鸡对球虫产生免疫力，停药过早易导致球虫病爆发。3. 后备鸡群可以连续喂至 16 周龄。4.对本品产生耐药球虫的鸡场，不能换用喹啉类抗球虫药 |
| 二硝托胺预混剂 | 鸡 | 鸡:125 | 抗球虫药,用于鸡球虫病 | 鸡:3 | 1.蛋鸡产蛋期禁用。2.停药过早，常致球虫病复发，因此肉鸡宜连续应用。3.二硝托胺粉末颗粒的大小会影响抗球虫作用，应为极微细粉末。4. 饲料中添加量超过 250 mg/kg(以二硝托胺计)时,若连续饲喂 15 日以上可抑制雏鸡增重 |
| 土霉素钙预混剂 | 猪<br>鸡 | 仔猪:200~300;育肥猪:300~400;鸡 100~300 | 四环素类抗生素,促进仔猪、幼禽的生长发育,增强抵抗力,预防某些疾病感染,提高饲料利用率 | 猪:7;<br>鸡:7 | 1. 怀孕母猪禁用。蛋鸡产蛋期禁用。2.本品为饲料添加剂,不做治疗用。3.遇有吸潮、结块、发霉现象应立即停止使用。4. 在猪丹毒疫苗接种前 2 日和接种后 10 日，不得使用本品。5.在低钙(0.4%~0.55%)饲料中连用不得超过 5 日 |
| 山花黄芩提取物散 | 鸡 | 鸡:500 | 抗炎、抑菌,促生长,用于促进肉鸡生长 | 无 | 可长期添加使用 |
| 博落回散 | 猪<br>鸡 | 猪:0.75~1.875;仔鸡:1.125~1.875 ;成年鸡:0.75~1.125 | 抗菌、消炎、开胃、促生长 | 无 | 可长期添加使用 |
| 喹烯酮预混剂 | 猪 | 猪:50 | 抗菌药,用于猪促生长 | 猪:14 | 1.禽类禁用。2.体重超过 35 kg 的猪禁用 |

续表

| 抗生素(药物)名称 | 适用畜禽 | 饲料添加量/mg·kg$^{-1}$ | 作用及用途 | 休药期/d | 注意事项 |
| --- | --- | --- | --- | --- | --- |
| 维吉尼亚霉素预混剂 | 猪<br>鸡 | 猪:10~25;鸡 5~20 | 抗生素类药,用于猪、鸡促生长 | 猪:1;鸡:1 | 1.未经稀释混合不得使用。2.不得与杆菌肽合用 |
| 黄霉素预混剂 | 猪<br>鸡<br>肉牛 | 育肥猪:5.0;仔猪 20.0~25.0;肉鸡 5.0;肉牛 30~50mg/头/日 | 抗生素类药,用于促进畜禽生长 | 猪:0;鸡:0;肉牛:0 | 严格按照药物说明,部分不宜用于成年畜禽 |
| 海南霉素钠预混剂 | 鸡 | 鸡:5.0~7.5 | 聚醚类抗球虫药,用于防治鸡球虫病 | 鸡:7 | 1.蛋鸡产蛋期禁用。2.鸡使用海南霉素钠预混剂后的粪便切勿用作其他动物饲料,更不能污染水源。3.仅用于鸡,其他动物禁用。4.不得与莫能菌素、盐霉素、甲基盐霉素、马度米星铵、拉沙洛西钠等其他聚醚类抗球虫药物合用 |
| 马度米星铵预混剂 | 鸡 | 鸡:5 | 抗球虫药,用于预防鸡球虫病 | 鸡:5 | 1.蛋鸡产蛋期禁用。2.用药时必需精确计量,并使药料充分拌匀,勿随意加大使用浓度。3.鸡喂本品后的粪便切不可再加工作动物饲料,否则会引动物中毒,甚至死亡。4.不得与莫能菌素、盐霉素、甲基盐霉素、拉沙洛西钠、海南霉素等其他聚醚类抗球虫药物合用 |
| 甲基盐霉素预混剂 | 猪<br>鸡 | 防治鸡球虫病:鸡 60~80;促生长:猪(体重 20 kg 以上)15~30 | 抗球虫药,用于防治鸡球虫感染;可用于生长猪和育肥猪的促生长,提高饲料转化率 | 猪:3;鸡:5 | 1.使用时必须精确计算用量。2.本品限用于肉鸡,蛋鸡、火鸡及其他鸟类不宜使用;马属动物禁用。3.本品对鱼类毒性较大,防止使用本品后鸡的粪便及残留药物的用具污染水源。4.禁止与泰妙菌素、竹桃霉素合用。5.操作人员须注意防护,应戴手套和口罩,如不慎溅入眼睛,需立即用水冲洗。6.不得与泰妙菌素以及莫能菌素、盐霉素、马度米星铵、拉沙洛西钠、海南霉素等其他聚醚类抗球虫药合用 |

续表

| 抗生素（药物）名称 | 适用畜禽 | 饲料添加量/mg·kg$^{-1}$ | 作用及用途 | 休药期/d | 注意事项 |
|---|---|---|---|---|---|
| 甲基盐霉素、尼卡巴嗪预混剂 | 鸡 | 甲基盐霉素、尼卡巴嗪各30~50 | 抗球虫病，用于预防鸡球虫感染 | 鸡：5 | 1.蛋鸡产蛋期禁用。2.防止与人眼接触。3.不得与泰妙菌素、二硝托胺、竹桃霉素以及莫能菌素、盐霉素、马度米星铵、拉沙洛西钠、海南霉素等其他聚醚类抗球虫药物合用 |
| 吉他霉素预混剂 | 猪<br>鸡 | 猪：5~50；<br>鸡：5~10 | 大环内酯类抗生素，用于猪、鸡促生长 | 猪：7；<br>鸡：7 | 1.蛋鸡产蛋期禁用。2.不得与恩拉霉素合用 |
| 地克珠利预混剂 | 鸡 | 鸡：1 | 抗球虫药，用于预防禽、兔球虫病 | 鸡：5 | 1.蛋鸡产蛋期禁用。2.本品药效期短，停药1日，抗球虫作用明显减弱，2日后作用基本消失。因此，必须连续用药以防球虫病再度暴发。3. 本品混料浓度极低，药料应充分拌匀，否则影响疗效 |
| 亚甲基水杨酸杆菌肽预混剂 | 猪、肉鸡 | 猪:10~30；<br>肉鸡:5~40 | 多肽类抗生素，用于促进猪、肉鸡生长 | 牛：0；<br>肉鸡：0 | 禁用于种禽 |
| 那西肽预混剂 | 猪<br>鸡 | 猪：2.5~20；<br>鸡：2.5 | 抗生素类药，用于猪、鸡促生长，提高饲料转化率 | 猪：7；<br>鸡：7 | 1. 蛋鸡产蛋期禁用。2. 仅用于70 kg以下的猪（育成种猪除外） |
| 杆菌肽锌预混剂 | 牛<br>猪<br>鸡 | 犊牛：3月龄以下10~100、3~6月龄4~40；猪：6月龄以下4~40；禽：16周龄以下4~40 | 多肽类抗生素，用于促进牛、猪和禽的生长 | 牛：0；<br>猪：0；<br>鸡：0 | 1.禁用于种畜和种禽。2.本品与土霉素、金霉素、吉他霉素、恩拉霉素、维吉尼霉素和喹乙醇等有拮抗作用 |

续表

| 抗生素（药物）名称 | 适用畜禽 | 饲料添加量/mg·kg$^{-1}$ | 作用及用途 | 休药期/d | 注意事项 |
|---|---|---|---|---|---|
| 阿维拉霉素预混剂 | 猪、肉鸡 | 用于提高猪和肉鸡的平均日增重和饲料报酬率、预防肉鸡坏死性肠炎：猪0~4个月20~40、4~6个月10~20；肉鸡5~10。辅助控制断奶仔猪腹泻：仔猪40~80，连用28日 | 寡糖类抗生素，用于提高猪和肉鸡的平均日增重和饲料报酬率；预防由产气荚膜梭菌引起的肉鸡坏死性肠炎，辅助控制由大肠杆菌引起的断奶仔猪腹泻 | 猪：0；肉鸡：0 | 1. 生产和使用应注意对人的防护，避免与皮肤、眼睛接触。2.应放置于儿童接触不到的地方 |
| 金霉素预混剂 | 猪鸡 | 仔猪：25~75；肉鸡：20~50 | 抗生素类药，用于仔猪、肉鸡促生长 | 猪：7；鸡：7 | 1.蛋鸡产蛋期禁用。2.低钙日粮（0.4%~0.55%）中添加100~200 mg/kg剂量金霉素时，连续用药不得超过5日。3.在猪丹毒疫苗接种前2天日和接种后10天日内，不得使用金霉素 |
| 盐酸氨丙啉乙氧酰胺苯甲酯预混剂 | 鸡 | 盐酸氨丙啉125、乙氧酰胺苯甲酯8 | 抗球虫药，用于鸡球虫病 | 鸡：3 | 1.蛋鸡产蛋期禁用。2.饲料中的维生素B1含量在10 mg/kg以上时，能对本品的抗球虫作用产生明显的拮抗作用。3.氨丙啉在体内与硫胺能产生竞争性拮抗作用，如果氨丙啉用药浓度过高则引起雏鸡硫胺缺乏而表现多发性神经炎，而增喂硫胺又影响氨丙啉抗球虫活性。4.不得与氨丙啉、氯羟吡啶、尼卡巴嗪、盐霉素、甲基盐霉素、莫能菌素、氯苯胍和拉沙洛西钠等抗球虫药合用 |

续表

| 抗生素（药物）名称 | 适用畜禽 | 饲料添加量/mg·kg$^{-1}$ | 作用及用途 | 休药期/d | 注意事项 |
| --- | --- | --- | --- | --- | --- |
| 盐酸氨丙啉乙氧酰胺苯甲酯磺胺喹噁啉预混剂 | 鸡 | 盐酸氨丙啉100、乙氧酰胺苯甲酯5、磺胺喹噁啉60 | 抗球虫药，用于鸡球虫病 | 鸡:7 | 1.蛋鸡产蛋期禁用。2.饲料中的维生素B1含量在10 mg/kg以上时，能对本品的抗球虫作用产生明显的拮抗作用。3.连续饲喂不得超过5日。4.氨丙啉在体内与硫胺能产生竞争性拮抗作用，如果氨丙啉用药浓度过高则引起雏鸡硫胺缺乏而表现多发性神经炎，而增喂硫胺又影响氨丙啉抗球虫活性。5. 不得与氯苯胍、氯羟吡啶、尼卡巴嗪、盐霉素、甲基盐霉素、莫能菌素、拉沙洛西钠及磺胺氯吡嗪钠等抗球虫药合用 |
| 盐酸氯苯胍预混剂 | 鸡 | 鸡:30~60 | 抗球虫药，用于鸡、兔球虫病 | 鸡:5 | 1.蛋鸡产蛋期禁用。2.长期或高浓度(60 mg/kg饲料)混饲，可引起鸡肉、鸡蛋异臭。低浓度(<30 mg/kg饲料)不会产生上述现象。3. 应用本品防治某些球虫病时停药过早，常导致球虫病复发，应连续用药。4.不得与氨丙啉、氯羟吡啶、尼卡巴嗪、盐霉素、甲基盐霉素、莫能菌素和拉沙洛西钠等抗球虫药合用 |
| 盐霉素预混剂 | 鸡 | 鸡:60 | 抗球虫药，用于预防鸡球虫病 | 鸡:5 | 1.禁与泰妙菌素、竹桃霉素及其它抗球虫药配伍使用。2.对成年火鸡和马毒性大，禁用。3.蛋鸡产蛋期禁用。4.本品安全范围较窄，应严格控制混饲浓度。5.禁与泰妙菌素及其他聚醚类抗球虫药合用 |
| 盐霉素钠预混剂 | 鸡 | 鸡:60 | 抗球虫药，用于鸡球虫病 | 鸡:5 | 1.蛋鸡产蛋期禁用。2.对成年火鸡、鸭和马属动物毒性大，禁用。3.禁与泰妙菌素、竹桃霉素及其他抗球虫药合用。4.本品安全范围较窄，应严格控制混饲浓度。5. 禁与泰妙菌素及其他聚醚类抗球虫药合用 |

续表

| 抗生素（药物）名称 | 适用畜禽 | 饲料添加量 /mg·kg$^{-1}$ | 作用及用途 | 休药期 /d | 注意事项 |
|---|---|---|---|---|---|
| 莫能菌素预混剂（农业部公告 1912 号） | 鸡 | 鸡：100~125 | 抗球虫药，用于预防鸡球虫病 | 鸡：5 | 1.10 周龄以上火鸡、珍珠鸡及鸟类对本品较敏感，不宜应用；超过 16 周龄的鸡禁用。蛋鸡产蛋期禁用。2.饲喂前必须将莫能菌素与饲料混匀，禁止直接饲喂未经稀释的莫能菌素。3.禁止与泰妙菌素、竹桃霉素同时使用，以免发生中毒。4.马属动物禁用。5.搅拌配料时防止与人的皮肤、眼睛接触。6.不得与泰妙菌素以及盐霉素、甲基盐霉素、马度米星铵、拉沙洛西钠、海南霉素等其他聚醚类抗球虫药物合用 |
| 莫能菌素预混剂（农业部公告 2125 号） | 牛<br>鸡 | 鸡：90~110；肉牛：200~360mg/(头·d)；奶牛（泌乳期添加）：150~450mg/(头·d) | 抗生素类药，用于防治鸡球虫感染、促进肉牛生长；辅助缓解奶牛酮病症状，提高产奶量 | 鸡：5 | 同莫能菌素（农业部公告 1912 号） |
| 恩拉霉素预混剂 | 猪<br>鸡 | 猪：2.5~20.0；鸡：1~5 | 多肽类抗生素，预防猪、鸡革兰氏阳性菌感染，促进猪、鸡生长 | 猪：7；鸡：7 | 1.蛋鸡产蛋期禁用。2.禁止与四环素类、吉他霉素、杆菌肽、维吉尼亚霉素配伍使用 |

饲料添加剂中抗生素减排主要采取以下几个方面。

（1）提高畜禽饲养管理水平，减少抗生素的使用　畜禽饲养管理水平的高低密切影响着动物的健康状况。饲养管理水平包括基础设施的改造、饲草料的安全（有无霜冻、有无发霉、干净与否、饲草种类及添加量等）、消毒防疫、养殖环境和棚圈的卫生等，这些都是影响动物机体健康的因素。提高动物饲养管理水平，能够起到改善畜禽健康状况的作用，间接提高了动物免疫力和抗病能力，起到减少养殖过程中兽用抗生素的使用。

（2）科学使用兽用抗菌药物，减少抗菌药物的使用　兽用抗菌药物的不合理使用是造成畜禽产品药物残留和出现耐药性的重要原因，科学合理使用兽用抗菌药物，严格把握药物用药期、用药剂量和休药期，不要滥用或过量超期限使用抗菌药物。研发抗菌药物替代品，比如益生元、中草药、微生物菌剂和酶制剂等新型抗菌药或改善肠道机体健康的替代品，调节肠道微生态平衡和细胞内环境平衡，提高机体免疫力和饲料利用率，减少抗菌药物的使用。

（3）出台或制定相关法律法规，完善抗菌药物使用监管体系　2002年，农业农村部颁布了 37 种禁用和限用兽药清单；2015 年，农业农村部发布了《全国兽药（抗菌药）综合治理五年行动方案（2015—2019 年）》；2016 年，农业农村部停止硫酸黏菌素用于动物生长；2017 年，农业农村部发布了《遏制细菌耐药国家行动计划（2016—2020 年）》。农业农村部出台这些文件，目的在于监管兽药科学合理使用，由于经济利益的驱使，抗菌药物的滥生产滥用现象屡禁不止，这就需要建立兽用抗菌药物监管长效机制，实现抗菌药物科学生产合理使用。

**五、饲用微生物添加剂**

饲用抗生素在抑制致病微生物的同时，也杀死了畜禽机体生理性微生物，扰乱或打破了微生物群落间相互制约的肠道微生态平衡，使原籍菌或条件致病菌过度增殖而引起二重内性感染。2008 年，李林等研究发现，全世界养殖行业都存在抗生素不合理使用和滥用的问题，导致畜禽产品药物或其代谢产物残留超标，影响了肉蛋奶产品质量安全。减少或替代抗生素在饲料中的使用是解决抗生素安全问题最直接有效的方法。饲用微生物添加剂具有提高动物生产性能、障畜禽产品质量安全、改善畜禽产品品质、保护生态环境等作用，是安全可靠的抗生素替代品，在全球畜禽养殖业当中应用比较广泛。

为了规范饲用微生物添加剂产品，我国也发布了相应的国家标准进行监管，进行规范饲用微生物添加剂的使用。国家《农用微生物菌剂》（GB 20287—2006）中规定了农用微生物菌剂的有效活菌数、杂菌数、水分、细度、pH、保质期等指标的检测方法，《微生物饲料添加剂通用要求》

(GB/T 23181—2008)中规定了微生物菌种、生物学特征、安全性、生物有效性等方面的要求,《饲用微生物制剂中枯草芽孢杆菌的检测》(GB/T 26428—2010)中只提供了微生物饲料添加剂中枯草芽孢杆菌的检测方法,农业部《微生物饲料添加剂技术通则》(NY/T 1444—200)7 中规定了微生物菌种、生物学特征、安全指标、遗传稳定性等方面的要求。

1.概念

滕克合在《微生物饲料添加剂在养殖业中的应用》一文中提到,饲用微生物添加剂是指在饲料中添加或直接饲喂给动物的微生物或微生物及其中间代谢产物,参与调节胃肠道内微生态平衡或刺激特异性或非特异性免疫功能、具有促进动物生长和提高饲料转化效率的微生物产品。

2.常见的饲用微生物添加剂

国家农业部 1999 年公布了干酪乳杆菌、植物乳杆菌、屎链球菌、粪链球菌、乳酸片球菌、嗜酸乳杆菌、枯草芽孢杆菌、乳链球菌、纳豆芽孢杆菌、啤酒酵母、沼泽红假单胞菌、产朊假丝酵母 12 种可直接使用的饲用微生物添加剂,根据使用益生菌种类不同,把微生物添加剂分为酵母类、乳酸菌类、芽孢杆菌类、光合细菌类、霉菌类 5 大类。2013 年,我国农业部发布的《饲料添加剂品种目录(2013)》中列出 35 种可用于饲料添加剂的微生物,其中,酵母菌 2 种、乳酸菌 22 种、芽孢杆菌 6 种、光合细菌 1 种、霉菌 2 种、产丙酸菌 1 种、产丁酸菌 1 种。

(1)酵母菌　是一种单细胞真菌,属于兼性厌氧微生物,喜多糖酸性环境,能够代谢产生多种营养物质。用作饲用微生物添加剂的菌种主要有产朊假丝酵和啤酒酵母等。具有提高饲料营养价值,促进动物生长,增加动物免疫功能等益生作用,也可以改善畜产品的质量。

(2)乳酸菌　是一类能够发酵碳水化合物产生乳酸的细菌总称,属于兼性厌氧的革兰阳性菌。用于饲用微生物添加剂的乳酸菌主要有链球菌、乳酸杆菌、双歧杆菌、肠球菌、片球菌等。乳酸菌常用于反刍动物饲料中,主要用于提高青贮饲料的发酵品质,提高饲料适口性,增加有益菌的含量,促进动物采食,加快动物生长发育。

(3)芽孢杆菌　是一种能够产生多种酶类,增强畜禽消化酶活性进而提高料利用率的需氧或兼氧的革兰阳性菌。以内生芽孢形式存在，耐酸、耐高温，可保证芽孢杆菌顺利到达肠道，抑制肠道致病菌的繁殖、调节肠道菌群平衡，对促进畜禽的健康生长具有重要作用。

（4）光合细菌　是一类水生微生物，光合细菌不是畜禽肠道的正常微生物，但其营养价值高，含有多种畜禽所需的生理活性物质。潘康成研究发现，在饲料中添加 0.01%的菌体，可提高饲料率、增强抗病能力。

（5）霉菌　是一类偏好于纤维中较硬的木质素消化的"真菌添加剂"，包括黑曲霉和米曲霉两种。常用于反刍动物，能使瘤胃中的总菌数和纤维素分解菌成倍增加，从而加速瘤胃内纤维素的分解。

3.微生物发酵饲料的使用技术（以青贮饲料为例）

用青贮方法将秋收后尚保持青绿或部分青绿的玉米秸秆等较长期保存下来，可以很好地保存其养分，而且质地变软，具有香味，能增进牛羊等反刍动物食欲，解决冬春季节饲草的不足。同时，制作青贮料比堆垛同量干草要节省一半占地面积，还有利于防火、防雨、防霉烂及消灭秸秆上的农作物害虫等。

制作青贮料的技术关键是为乳酸菌的繁衍提供必要条件：一是在调制过程中，原料要尽量铡短，原料切割的长度一般为 1~3 cm，装窖时踩紧压实，以尽量排除窖内的空气，乳酸菌只有在厌氧条件下才能大量繁殖，在制作青贮时要尽量创造缺氧环境。二是原料中的含水量在 75%左右（即用手刚能拧出水而不能下滴时），最适于乳酸菌的繁殖。青贮时应根据玉米秸等青绿程度决定是否需要洒水。三是原料要含有一定量的糖分，一般玉米秸秆的含糖量符合要求，青贮原料一般要求含糖不得低于 2.0%，如果原料中没有足够的糖分，就不能满足乳酸菌的需要。

# 第五章　畜禽养殖业主要污染物排放量核算方法

## 第一节　畜禽养殖场（小区）COD、$NH^3$–N 排放量核算方法

### 一、总体要求

本方法适用于畜禽养殖场（小区）主要污染物消减量和排放量核查核算。主要污染物是指国家实施减排总量控制的化学需氧量（COD）、氨氮（$NH^3$–N）等。

畜禽养殖业减排核算的畜禽种类包括肉牛、奶牛、猪、蛋鸡和肉鸡，包括这五类规模化养殖场（小区）和养殖专业户，肉牛、生猪、肉鸡以出栏量计，奶牛、蛋鸡以存栏量计。

### 二、畜禽养殖业 COD、$NH^3$–N 总量减排核算方法

COD、$NH^3$–N 总量减排核算公式如下：

$$D_{畜禽}=D_{规模化}+D_{养殖户}$$

（一）规模化养殖场（小区）畜禽 COD、$NH^3$–N 排放量核算方法

$$D_{规模化}=D_{肉牛}+D_{奶牛}+D_{生猪}+D_{蛋鸡}+D_{肉鸡}$$

规模化养殖场（小区）某类畜禽 COD、$NH^3$–N 排放量核算公式如下。

$$D_{i\,畜禽规模场（小区）}=\sum_{j=1}^{n}\left[B_{ij}\times e_i\times(1-f_{ij})\right]\times10^{-3}$$

$D_{i\,畜禽规模场（小区）}$：规模化畜禽养殖场（小区）某类畜禽 COD、$NH^3$–N 排放量，t。

$n$：某类畜禽规模化养殖场（小区）数量。

$B_{ij}$：第 $j$ 个某类畜禽规模化养殖场（小区）畜禽存（出）栏量，头（只）。

$e_i$：某类畜禽产污系数，kg/[头（只）·a]。

$f_{ij}$:第 $j$ 个养殖场(小区)某类畜禽的 COD、$NH^3$-N 去除率。

(二)畜禽养殖大户 COD、$NH^3$-N 总量减排核算方法

畜禽养殖大户 COD、$NH^3$-N 排放量按照排污强度法计算,公式如下。

$$D_{养殖大户}=D_{生猪大户}+D_{奶牛大户}+D_{肉牛大户}+D_{蛋鸡大户}+D_{肉鸡大户}$$

某类畜禽养殖户 COD、$NH^3$-N 排放量核算公式如下。

$$D_{i\ 养殖大户}=B_{i\ 养殖大户}\times C_i\times 10^{-3}$$

$B_i$ 养殖大户:某类畜禽养殖户存(出)栏总量,头(只)。

$C_i$:某类畜禽养殖专业户排污强度,kg/[头(只)·a]。

## 第二节　参数选取

### 一、养殖场(小区)及养殖大户的选取参考

养殖场(小区):生猪≥500 头(出栏)、奶牛≥100 头(存栏)、肉牛≥50 头(出栏)、蛋鸡≥2 000 只(存栏)、肉鸡≥10 000 只(出栏)。

养殖专业户: 50 头≤生猪<500 头(出栏)、5 头≤奶牛<100 头(存栏)、10 头≤肉牛<50 头 (出栏)、200 只≤蛋鸡<2 000 只 (存栏)、1 000 只≤肉鸡<10 000 只(出栏)。

### 二、养殖场(小区)产物系数、养殖大户排污强度及平均去除率参数选取

规模养殖场(小区)五类畜禽产污系数选取参考值,按照《"十二五"主要污染物总量减排核算细则》计算,值得注意的是奶牛和蛋鸡是按照"年"来计算,肉牛、生猪、肉牛则是按照每个"育肥期"来算。

表 5-1　五类畜禽产污系数选取参考值表

| 畜禽养殖类别 | 肉牛 /kg·头$^{-1}$ | 奶牛 /kg·头$^{-1}$·a$^{-1}$ | 生猪 /kg·头$^{-1}$ | 蛋鸡 /kg·只$^{-1}$·a$^{-1}$ | 肉鸡 /kg·只$^{-1}$ |
|---|---|---|---|---|---|
| COD 产生系数 | 712 | 1 065 | 36 | 3.32 | 0.99 |
| $NH^3$-N 产生系数 | 2.52 | 2.85 | 1.80 | 0.10 | 0.02 |

注:资料来源于"十二五"主要污染物总量减排核算细则。

畜禽专业户排污强度参数计算要注意单位是 kg/[头(只)·a]。

表 5-2 专业户排污强度选取参考值表

单位:kg/[头(只)·年]

| 畜禽养殖类别 | 肉牛 | 奶牛 | 生猪 | 蛋鸡 | 肉鸡 |
|---|---|---|---|---|---|
| COD | 121.04 | 202.35 | 8.64 | 0.50 | 0.12 |
| $NH^3$-N | 0.428 4 | 1.567 5 | 0.756 0 | 0.015 0 | 0.002 4 |

注:资料来源于“十二五”主要污染物总量减排核算细则。

表 5-3 五类畜禽的 COD、$NH^3$-N 平均去除率选取参考值表

单位:%

| 畜禽养殖类别 | 肉牛 | 奶牛 | 生猪 | 蛋鸡 | 肉鸡 |
|---|---|---|---|---|---|
| COD | 85.4 | 89.8 | 84.4 | 90.1 | 92.0 |
| $NH^3$-N | 31.4 | 66.2 | 33.3 | 75.2 | 68.0 |

注:资料来源于“十二五”主要污染物总量减排核算细则。

## 三、集粪场和栏舍建设选取参考

按照环保“三防”(防雨、防渗、防溢漏)的要求,规模养殖场(小区)要建设集粪场,集粪场地面用 15~20 cm 的混凝土处理垫层,周围砌 1.5 m 高的 37 cm 砖墙(留运粪口),内墙用水泥造面,顶部搭建彩钢瓦防雨,并定期清运,养殖场(小区)要记录粪便得去向或农户使用证明。五类畜禽集粪场建设面积计算见表 5-4。

表 5-4 五类畜禽集粪场建设选取参考值表

| 畜禽养殖类别 | 肉牛(出栏) | 奶牛(存栏) | 生猪(出栏) | 蛋鸡(存栏) | 肉鸡(出栏) |
|---|---|---|---|---|---|
| 集粪场建设标准 | 1m³/头 | 1m³/2 头 | 1m³/10 头 | 1m³/500 只 | 1m³/2000 只 |

注:资料来源于“十二五”主要污染物总量减排核算细则。

五类畜禽圈舍建设面积按照设计存栏畜禽量来计算。(见表 5-5)

表 5-5 五类畜禽存栏数量与对应栏舍面积选取参考值表

| 畜禽养殖类别 | 肉牛 | 奶牛 | 生猪 | 蛋鸡 | 肉鸡 |
|---|---|---|---|---|---|
| 栏舍建设标准 | 1m²/头 | 2m²/头 | 1m²/头 | 1m²/15 只 | 1m²/10 只 |

注:资料来源于“十二五”主要污染物总量减排核算细则。

## 四、土地年消纳熟粪和肥水选取参考

畜禽的粪便、污水和尿液如果要按照“种养结合”的模式处理，对消纳土地的需求量就要严格限制，否则会造成二次污染。五类畜禽土地消纳熟粪和肥水量要按照表 5-6 和表 5-7 执行，推荐使用“土地承载力测算”的测算值或者实测值。

表 5-6 五类畜禽土地年消纳熟粪量选取参考值表

| 畜禽养殖类别 | 肉牛（出栏） | 奶牛（存栏） | 生猪（出栏） | 蛋鸡（存栏） | 肉鸡（出栏） |
| --- | --- | --- | --- | --- | --- |
| 土地年消纳量标准 | 5 亩/头 | 2.5 亩/头 | 0.2 亩/头 | 1 亩/50 只 | 1 亩/200 只 |

注：资料来源于“十二五”主要污染物总量减排核算细则。

表 5-7 五类畜禽土地年消纳肥水量选取参考值表

| 畜禽养殖类别 | 肉牛（出栏） | 奶牛（存栏） | 生猪（出栏） |
| --- | --- | --- | --- |
| 土地年消纳量标准 | 5 亩/头 | 2.5 亩/头 | 0.2 亩/头 |

注：资料来源于“十二五”主要污染物总量减排核算细则。

第三部分

# 畜禽粪污资源化利用管理制度及案例

# 第六章　畜禽粪污资源化利用管理制度

## 第一节　畜禽养殖业粪污资源化利用台账管理制度

### 一、目的意义

畜禽养殖场(小区)建立科学规范的台账管理制度,如实记录畜禽养殖场(小区)基本情况、生产经营情况、粪污产生和资源化利用情况等。台账资料的完善完整对提高养殖企业经营效率和经济效益有重要意义。

### 二、适用范围

本台账管理适用于畜禽养殖场(小区)。

### 三、具体要求

1.畜禽养殖业粪污资源化利用台账管理原则上要求"一场一档",养殖场(小区)是台账档案建设的主体责任单位,畜牧主管部门是监管单位,在业务技术人员的监督下如实建设台账。

2.畜禽养殖业粪污资源化利用台账是真实反映养殖场(小区)粪污处理利用情况的工具,也是业务监管部门督查整改的档案资料之一,必须严格按照记录内容,及时、准确、规范填写。

3.台账由各养殖场(小区)按月按督查次数针对业务分类填写,交包场(小区)业务技术人员审阅后,统一收集交专人存档。

4.养殖场(小区)实行台账管理后,每年进行年度考核,凡应建立台账而未建立台账的,取消下一年度的优惠补贴。对台账工作做得较好养殖场(小区),在年度工作考核时予以适当的加分,倾斜下一年度的优惠补贴。

### 四、卫生要求

参照附录一。

## 第二节　畜禽养殖业粪污资源化利用台账

本节展示畜禽养殖业粪污资源化利用台账。

# 畜禽养殖业粪污资源化利用管理台账

（　　年）

养殖场(小区)名称：________________________

填报日期：　　年　　月　　日

| 序号 | 目 录 | 说 明 |
|---|---|---|
| 1 | 企业概述 | |
| 2 | 月汇总表 | |
| 3 | 清粪方式月统计表 | |
| 4 | 畜禽养殖场(小区)粪污综合利用处理情况记录 | |
| 5 | 病死畜禽无害化处理记录 | |
| 6 | 畜禽养殖场(小区)现场检查笔录 | |
| 7 | 月存栏量变化统计表 | |
| 8 | 粪污治理工程建设项目运行记录 | |
| 9 | 养殖场(小区)粪便运输记录表 | |
| 10 | 养殖场(小区)污水运输记录表 | |
| 11 | 养殖场(小区)减排设施照片 | |
| 12 | 养殖场(小区)票据、证明粘贴单 | |
| 13 | 畜禽规模养殖污染防治条例 | 国务院令第643号,自2014年1月1日起施行 |
| 14 | 中华人民共和国环境保护法 | 主席令第9号,自2015年1月1日起施行 |
| 15 | 水污染防治行动计划 | (国发〔2015〕17号,2015年4月16印发) |
| 16 | 畜禽养殖禁养区划定技术指南 | 环办水体〔2016〕99号,2016年10月24日印发 |
| 17 | 关于加快推进畜禽养殖废弃物资源化利用的意见 | 国办发〔2017〕48号,2017年5月31日印发 |
| 18 | 畜禽粪污资源化利用行动方案(2017—2020年) | 农牧发〔2017〕11号,2017年7月7日印发 |
| 19 | 种养结合循环农业示范工程建设规划(2017—2020年) | 农计发〔2017〕106号,2017年8月15日印发 |
| 20 | 关于在畜禽养殖废弃物资源化利用过程中加强环境监管的通知 | 环水体〔2017〕120号,2017年9月6日印发 |
| 21 | 关于促进规模化畜禽养殖有关用地政策的通知 | 国土资发〔2017〕220号,2017年9月21日印发 |
| 22 | 畜禽粪污土地承载能力测算技术指南 | 农办牧〔2018〕1号,2018年1月15日印发 |
| 23 | 关于印发畜禽规模养殖场粪污资源化利用设施建设规范(试行)的通知 | 农办牧〔2018〕2号,2018年1月5日印发 |
| 24 | 关于印发畜禽养殖废弃物资源化利用工作考核办法(试行)的通知 | 农牧发〔2018〕4号,2018年3月8日印发 |

## 1.企业概述

注：企业概述以文字形式表述，必须包括以下内容：企业名称、企业地址、企业法人、企业代码、企业规模、畜禽养殖栏舍面积（沼气池、污水/尿液贮存池容积）、环保负责人、联系电话、处理工艺、设计能力、环评审批时间、试运行批复时间、环保竣工验收时间、在线监测或视频监控设备联网情况等。如以上项目没有建设的，可用文字表述清楚。

2.______月份汇总表

<table>
<tr><td rowspan="2">畜禽种类</td><td colspan="2">猪</td><td rowspan="2">肉牛</td><td rowspan="2">奶牛</td><td rowspan="2">蛋鸡</td><td rowspan="2">肉鸡</td></tr>
<tr><td>生猪</td><td>母猪</td></tr>
<tr><td>存栏量<br>/头、羽</td><td></td><td></td><td></td><td></td><td></td><td></td></tr>
<tr><td>出栏量<br>/头、羽</td><td></td><td></td><td></td><td></td><td></td><td></td></tr>
<tr><td>饲料使用量<br>/ t</td><td></td><td></td><td></td><td></td><td></td><td></td></tr>
<tr><td>粪便产生量<br>/ m³</td><td></td><td></td><td></td><td></td><td></td><td></td></tr>
</table>

<table>
<tr><td>清粪方式</td><td colspan="3">垫料垫草</td><td colspan="4">干清粪</td><td colspan="4">水冲粪</td></tr>
<tr><td>粪便利用方式</td><td>垫料农业利用</td><td>垫料生产有机肥</td><td>无处理</td><td>堆肥还田利用</td><td>生产有机肥</td><td>生产沼气</td><td>贮存</td><td>肥水农业利用</td><td>生产有机肥</td><td>生产沼气</td><td>无处理</td></tr>
<tr><td>使用量<br>/ m³</td><td></td><td></td><td></td><td></td><td></td><td></td><td></td><td></td><td></td><td></td><td></td></tr>
<tr><td>尿液/污水处理方式</td><td colspan="4"></td><td colspan="2">处理量<br>/ m³·月⁻¹</td><td></td><td colspan="2">污泥产生量<br>/ m³·月⁻¹</td><td colspan="2"></td></tr>
<tr><td>沼气池容积<br>/ m³</td><td colspan="5"></td><td colspan="2">沼气发电量<br>/ kW·h</td><td colspan="4"></td></tr>
<tr><td>有机肥产生量<br>/ m³</td><td colspan="5"></td><td colspan="2">有机肥销售量<br>/ m³</td><td colspan="4"></td></tr>
<tr><td>县区农牧部门审核意见</td><td colspan="11">审核人:</td></tr>
</table>

注:1.粪便生产有机肥方式必须附有粪便入库单、有机肥出库和销售证明。

2.转运给专业有机肥厂的,应提供有机肥厂对粪便的接受证明材料,有机肥生产厂提供生产、销售记录。

3.粪便直接农业利用需附用户使用证明。

4.此表按月进行填写,每月1张

填表人:　　　　审核人:　　　　日期:

## 3.清粪方式月统计表

| 月份 | 粪便产生量/m³ | 生产有机肥使用量/m³ | 生产沼气使用量/m³ | 堆沤存储量/m³ | 有机肥产生量/m³ | 有机肥销售量/m³ | 沼气发电量/kW·h | 堆肥还田利用 | | | |
|---|---|---|---|---|---|---|---|---|---|---|---|
| | | | | | | | | 使用量/m³ | 种植面积/亩 | 种植名称 | 用户签字 |
| 1 | | | | | | | | | | | |
| 2 | | | | | | | | | | | |
| 3 | | | | | | | | | | | |
| 4 | | | | | | | | | | | |
| 5 | | | | | | | | | | | |
| 6 | | | | | | | | | | | |
| 7 | | | | | | | | | | | |
| 8 | | | | | | | | | | | |
| 9 | | | | | | | | | | | |
| 10 | | | | | | | | | | | |
| 11 | | | | | | | | | | | |
| 12 | | | | | | | | | | | |

4.畜禽养殖场（小区）粪污综合利用处理情况记录

| 废弃物种类 | 处理日期 | 种植面积/亩 | 养殖量/头 | 产生量/$t \cdot a^{-1}$ | 综合利用情况 | | 处理情况 | | 备注 |
|---|---|---|---|---|---|---|---|---|---|
| | | | | | 利用方式 | 利用量/$t \cdot a^{-1}$ | 处理方式 | 处理量/$t \cdot a^{-1}$ | |
| 畜禽养殖粪污 | | | | | | | | | |
| | | | | | | | | | |
| | | | | | | | | | |
| | | | | | | | | | |
| | | | | | | | | | |
| | | | | | | | | | |
| | | | | | | | | | |
| | | | | | | | | | |
| | | | | | | | | | |
| | | | | | | | | | |
| | | | | | | | | | |
| | | | | | | | | | |
| | | | | | | | | | |
| | | | | | | | | | |
| | | | | | | | | | |

5.病死畜禽无害化处理记录

| 日期 | 数量 | 死亡原因 | 处理方法 | 处理单位(责任人) | 备注 |
| --- | --- | --- | --- | --- | --- |
| | | | | | |
| | | | | | |
| | | | | | |
| | | | | | |
| | | | | | |
| | | | | | |
| | | | | | |
| | | | | | |
| | | | | | |

## 6.畜禽养殖场(小区)减排现场检查笔录

<table>
<tr><td colspan="3">被检查单位:</td><td colspan="2">负责人:</td><td colspan="3">联系电话:</td></tr>
<tr><td colspan="3">地址:</td><td colspan="5">检查期间____月___日___至___月___日</td></tr>
<tr><td colspan="2">畜禽种类</td><td></td><td colspan="2">数量 / 头·只$^{-1}$</td><td colspan="3"></td></tr>
<tr><td colspan="2">清粪方式</td><td colspan="6"></td></tr>
<tr><td colspan="2">粪便产生量 / $m^3$</td><td colspan="6"></td></tr>
<tr><td>沼气池容积 / $m^3$</td><td></td><td>粪便使用量 / $m^3$</td><td></td><td>发电量 / kW·h</td><td colspan="3"></td></tr>
<tr><td>有机肥产生量 / $m^3$</td><td></td><td>粪便使用量 / $m^3$</td><td></td><td>有机肥销售量 / $m^3$</td><td></td><td>有无销售证明</td><td></td></tr>
<tr><td>直接农业利用量 / $m^3$</td><td colspan="3"></td><td>用户证明情况</td><td colspan="3"></td></tr>
<tr><td>粪便存储量 / $m^3$</td><td colspan="3"></td><td>存贮场地防雨防渗防漏情况</td><td colspan="3"></td></tr>
<tr><td>尿液污水处理工艺</td><td colspan="3"></td><td>处理能力 / $m^3 \cdot d^{-1}$</td><td></td><td>实际处理量 / $m^3 \cdot d^{-1}$</td><td></td></tr>
<tr><td>备 注</td><td colspan="7"></td></tr>
</table>

注:此表由县区农牧部门填写。

被检查单位负责人:　　　　检查人员:　　　　检查时间:　　年　　月　　日

## 7.______月存栏量变化统计表

| 时间 | 畜禽种类 | 原存栏数 | 存栏量变化 | 数量变化原因 | 实际存栏数 | 备注 |
|---|---|---|---|---|---|---|
| | | | | | | |
| | | | | | | |
| | | | | | | |
| | | | | | | |
| | | | | | | |
| | | | | | | |
| | | | | | | |
| | | | | | | |
| | | | | | | |
| | | | | | | |
| | | | | | | |
| | | | | | | |
| | | | | | | |
| | | | | | | |

注：1.按实际变化时间统计，数据前后要有逻辑性和规律性。
2.畜禽种类指生猪、肉牛、奶牛、蛋鸡、肉鸡。
3.数量变化原因包括淘汰、死亡、购入、新出生等。
4.此表按月进行填写，每月1张。

## 8.粪污治理工程建设项目运行记录

| 日 期 | 运行时间 | 运行状态 | 操作人签名 | 备注 |
| --- | --- | --- | --- | --- |
| | | | | |
| | | | | |
| | | | | |
| | | | | |
| | | | | |
| | | | | |
| | | | | |
| | | | | |
| | | | | |
| | | | | |
| | | | | |
| | | | | |
| | | | | |
| | | | | |
| | | | | |
| | | | | |
| | | | | |
| | | | | |
| | | | | |
| | | | | |

注:所填项目是指沼气池、污水粪便处理设施的运行情况。

## 9.养殖场(小区)粪便运输记录表

| 日 期 | 运输量 | 运送去向 | 运输车类型及号牌 | 运输人签名 |
|---|---|---|---|---|
| | | | | |
| | | | | |
| | | | | |
| | | | | |
| | | | | |
| | | | | |
| | | | | |
| | | | | |
| | | | | |
| | | | | |
| | | | | |
| | | | | |
| | | | | |
| | | | | |
| | | | | |
| | | | | |
| | | | | |
| | | | | |
| | | | | |

## 10.养殖场（小区）污水运输记录表

| 日 期 | 输送量 | 输送去向 | 输送方式 | 操作人员签名 |
| --- | --- | --- | --- | --- |
| | | | | |
| | | | | |
| | | | | |
| | | | | |
| | | | | |
| | | | | |
| | | | | |
| | | | | |
| | | | | |
| | | | | |
| | | | | |
| | | | | |
| | | | | |
| | | | | |
| | | | | |
| | | | | |
| | | | | |
| | | | | |
| | | | | |

## 11.养殖场(小区)减排设施照片

注:减排设施照片包括(不够可加页)

1.养殖场(小区)正门、栏舍、栏舍内部、运动场。

2.养殖场(小区)粪污处理池、粪便运输车、尿液还田等。

## 12.养殖场(小区)票据、证明粘贴单

注:票据、证明粘贴单(不够可加页)。

1.电费缴费单,要附电费清单;
2.提供明确的粪便去向或用户使用证明;
3.粪便销售证明;
4.建设粪便堆积发酵场、污水沉淀池所需材料、人工工资等票据;
5.消纳土地证明材料;
6.购销合同;
7.营业执照;
8.动物防疫条件合格证。

## 第三节　信息管理技术在畜禽粪污资源化利用中的应用

计算机技术是21世纪具有典型代表的新型技术,已渗透到了各个领域。随着经济全球化和信息化的迅速发展,农业信息化建设的需求日益紧迫,对农业信息实行精细化、科学化管理是经济社会发展的必然需要。为准确掌握固原市基础母牛和犊牛(公、母)的数量、品种、分布动态和养殖户配备的耕地和饲草条件,加快百万头肉牛养殖基地建设,夯实多元化饲草基地、畜牧基础设施建设、种基础母牛扩繁与保护和粪污资源化利用,推广品种改良、饲草加工调制、标准化养殖技术、肉牛粪污资源化利用技术,开发实施的固原市基础母牛信息化管理平台,是实现农业和畜牧业精细化、科学化管理的基础支撑。

为落实国家基础母牛扩繁增养计划,适应固原市草畜产业发展需要、加快肉牛产业发展进程、加大优质基础母牛扩繁保护,建立稳定的基础母牛群,实现农业精细化、科学化管理,率先开发母牛"电子耳标"信息化管理系统,建立固原市基础母牛信息化管理平台,本着"信息录入操作便捷、资金兑付快速到位、农业与畜牧业结合"的原则,对辖区内散养户和规模场饲养的基础母牛和犊牛(公、母)全面进行网络传输登记,完成基础母牛和犊牛(公、母)养殖户和规模场建档立卡,通过信息化手段对基础母牛实行"一牛一标"在线动态管理,同时掌握清楚和公犊牛的出生量。

电子耳标是一张忠实的"动物电子身份证",母牛从养殖到出栏的每个环节都可做到严格监控,村级管理员在完成辖区基础母牛和犊牛(公、母)信息录入采集、建档登记后,并对相关信息进行查询、维护,乡镇、县(区)、市级管理员就能对上报的基础母牛和犊牛(公、母)数据进行在线汇总分析,极大地提高了工作效率。

固原市基础母牛信息管理系统的运用为肉牛产业发展提供有力的科技支撑,在全国率先实现了从散养户到规模化养殖场(小区)基础母牛和犊牛(公、母)一体化网络在线动态管理,开创了现代肉牛产业信息化的新时代。

## 一、关键信息技术介绍

### （一）RFID 技术

电子耳标、身份证与可采集身份证和电子标签的一体化手持终端之间通讯技术应用的是 RFID 技术。

RFID(Radio Frequency Identification)技术，又称无线射频识别，是一种通信技术，可通过无线电信号识别特定目标并读写相关数据，而无需识别系统与特定目标之间建立机械或光学接触。

无线电的信号是通过调成无线电频率的电磁场，把数据从附着在电子标签上传送出去，以自动辨识牲畜。电子标签包含了电子存储的信息。与条形码不同的是，射频标签不需要处在识别器视线之内，也可以嵌入被追踪物体之内。

### （二）Silverlight 富媒体客户端技术进行客户端开发

信息管理平台客户端使用 Silverlight，后台使用 Java 开发，通过 WebService 进行数据的传输。客户端使用跨浏览器的、跨平台的 Silverlight 插件，减小了服务器运行压力，数据展现方式多数使用了第三方控件，丰富了系统的用户体验。

### （三）采用 B/S 多层架构

信息管理平台采用 B/S 架构，B/S 架构可以提高系统的实施速度，减少管理维护的难度；在各个应用系统的建设中，用户使用端全部采用浏览器方式，这样能带来许多好处：

1.无须安装任何软件，实施方便，维护简单。

2.用户使用简单、培训容易。

3.界面更加美观大方。

4.系统扩展容易。

平台采用分布式的部署架构，应用程序集中部署于固原市农业农村局，市县等各级用户通过浏览器和权限控制直接访问系统。数据库的存储以分布式部署方式进行设计，在平台建设初期，数据量、访问量不大的情况下，数据库部署于市局，随着应用的深入，数据量、访问量不断增大，数据库可利用云数据库，以分担数据访问压力，同时进行数据异地备份。

(四)采用基于 Java EE 规范的体系架构

平台后台服务基于 Java EE 标准的分布式体系结构设计,一方面使系统具有独立性,可以部署在任何符合 Java EE 规范的应用服务器,提高系统的可部署性,降低维护和管理成本。另一方面可以充分利用现有的成熟的 Java EE 技术平台,实现系统设计的高度灵活性和扩展性。

(五)面向服务的架构(SOA)

整体开发应用面向服务架构(SOA)。面向服务架构(SOA)是一种应用框架,它着眼于日常的业务应用,并将它们划分为单独的业务功能和流程,即所谓的服务。SOA 使用户可以构建、部署和整合这些服务,且无需依赖应用程序及其运行计算平台,从而提高业务流程的灵活性。采用完全基于 XML(可扩展标记语言)、XSD(XMLSchema)等独立于平台、独立于软件供应商的标准的 Web Services 作为 SOA 的服务实现技术。

(六)基于 XML 服务通信

前后台通讯基于 XML 服务通信。基于 XML 是基于 Web Services 的 SOA 实现的核心,关于 XML 的规范是 Web 服务规范标准的基础。XML 具有强大的自描述能力,在各种层次、各种技术路线的系统间的数据交换时发挥巨大的作用。要求采用 XML 的数据交换技术,使平台具有充分的通用性、灵活性、扩展性和安全性。

**二、主要技术内容及技术特征**

为达能够准确掌握基础母牛和犊牛(公、母)养殖动态,分布区域,粪污还田利用情况,为制定肉牛产业全产业链(饲草种植、肉牛饲养、粪污处理)发展规划提供科学依据的目的,需要做到基础母牛和犊牛(公、母)档案化、标识化、信息化;数据真实准确完整;数据支持离线和在线上报;管理平台信息展现形式丰富,内容直观;数据采集方式操作简单,使用方便。

此平台包括为每头基础母牛佩戴电子耳标、使用可采集身份证和电子标签的一体化手持终端设备、基础终端采集软件进行信息采集和通过信息管理平台对采集的信息编辑、审核、查询和分析 4 部分工作内容组成。

(一)电子耳标

为达到基础母牛信息档案化、标识化、信息化的目的,为每头基础母牛佩戴市场中较为先进的电子耳标,每枚电子耳标内置电子芯片,给基础母牛编制唯一标识码，保证每头登记在册的基础母牛信息唯一性，并且可查。

电子耳标可以发射 134.2 kHz 低频信号，手持终端有对应的电子标签读取模块，通过不接触的方式收录信号处理，从而达到查询展示牛只信息，减少人工工作量的目的。

电子耳标的技术参数达到相关标准。具体指标如下：

工作频率：134.2 kHz；符合标准：符合国家相关标准和宁夏 DB64/T 622—2010；芯片类型：HITAG–S，EM，ATMEL，TI，国产；芯片容量：256 bits，512 bits 5；芯片位置：母标；封装材料：聚氨酯；公标头部材质：金属；耳标寿命：5~10 a；工作温度：-20~40℃；读取距离不低于 5 cm；动物标识在自然环境中使用，一年内掉环、断标、碎标合计不超过加施耳标的 2%；采用二次注塑工艺防水防撞性能优良；能够承受 350 N 的拉力而不脱落。母标内嵌电子芯片，外面印刷耳标号码。在公标上印刷文字，文字分两行：第一行为"固原市基础母牛"，第二行为县区名称。（见图 6–1）

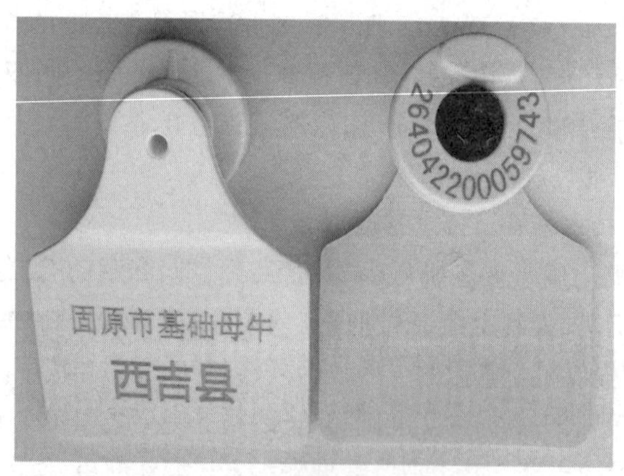


图 6–1 固原市基础母牛电子耳标

（二）可采集身份证和电子标签的一体化手持终端

每头基础母牛佩戴电子耳标，是母牛信息电子化的基础，那么如何快速准确登记、收录、查询信息是养殖户和基础母牛信息化管理的关键。对此，经过多方努力设计、生产并应用了可采集身份证和电子标签的一体化手持终端。

该终端分为 Android 和 Windows mobile 两种操作系统，包含智能处理单元、身份证采集模块、电子标签识别模块、采集软件四大部分组成，身份证采集模块是可以识别二代身份证的传感器，该传感器可以采集养殖户姓名、性别、住址、照片等信息，并且与智能处理单元连接，可以接收来自智能处理单元的指令，也可以将采集到的信息反馈给智能处理单元；电子标签识别模块，是与电子标签相匹配的，该模块可以通过非接触的方式识别电子标签，通过 IO 端口与智能处理单元连接，可以接收来自智能处理单元的指令，可以将采集到的信息反馈给智能处理单元；终端内置有摄像头、触摸显示屏、SIM 卡槽、SD 卡槽、USB 接口、GPS 模块、无线通讯和 WIFI 模块等，可以进行图像采集、移动通讯、内存扩展、网络联系等操作。

终端是集智能处理、身份证采集、电子标签采集、图像采集、数据填报、数据上报等功能于一身的一体化的手持设备，为现场办公提供了便捷，增加数据收录准确性，提高了工作效率。（见图 6-2）

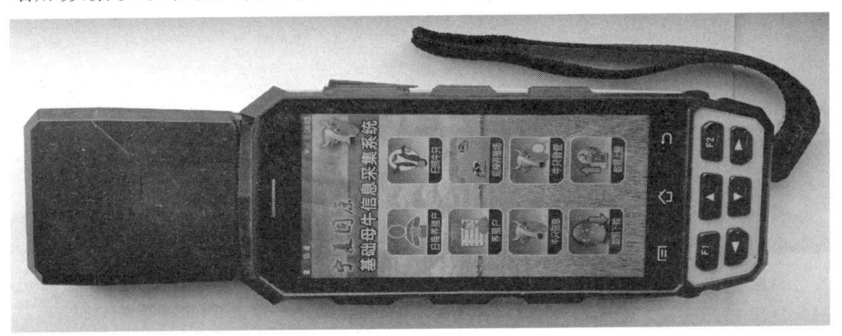


**图 6-2 手持采集终端设备**

（三）终端采集软件

终端采集软件是安装在手持终端中用于采集信息的工作软件，包括养殖户信息采集、规模养殖场（小区）信息采集、基础母牛信息采集，采集数据上报、数据同步、系统设置等功能。

终端采集软件基于 C/S 结构，使用图形界面调用业务组件接口的方式，基于 Windows Mobile 技术和 Android 原生及 H5+混合技术开发，采用轻量级的 SQlite 数据库存储相关数据，通过数据同步服务实现数据上传下载。在操作简洁使用方便的基础上，又能保证每次采集信息的完整性。

(四)信息管理平台

信息管理平台支持信息的新增编辑,并对采集的信息进行审核,审核后的数据可以进行多维度组合查询分析以及实现系统自动提醒业务。平台采用 B/S 结构,J2EE 的技术路线,数据库采用 Oracle,数据持久层采用 Hibernate 框架,业务逻辑层采用 Spring 框架,基于 Xfire 发布 WebService 服务,业务页面通过 Silverlight 的方式展示。

1.基础设施层

服务器,包括应用服务器和数据库服务器,同时还包括支撑服务器运行的操作系统(Windows Server 2008)、应用软件(Tomcat、Oracle 11g 等)等软设施。

2.数据库层

数据库层保存的是保障本系统正常运行的数据源,它是基于企业级数据库建立一个大的基础母牛信息管理数据库,这些数据来自手持终端提交的数据以及进一步收集的各类数据(如多媒体、基础数据等),通过数据采集、审批。提交等过程,将数据最终形成一个一体化的、集中式存储的数据库。

3.数据访问及服务支撑层

数据访问层包括了支持本系统正常运行的数据访问引擎主要是大型 Oracle 数据库访问类。

服务支撑层主要用来实现系统的业务处理调用和数据交换。所有的 Web 服务组件均部署在 Web 服务器上。

4.业务组件层

业务组件层是真正实现基础母牛信息管理功能的核心部分,本层不但包括实现基本业务的标准组件,还包括以 Web 服务形式向外提供服务的接口,这两种形式的组件均是用来与后台数据库进行信息交互,通过程序逻辑具体实现细粒度、粗粒度的信息服务的业务需求。

5.系统应用层

系统应用层主要是基础母牛信息管理平台,本层用户基于 B/S 的方式通过图形界面调用业务组件接口,可以完成基础母牛信息的查询与显示,可以进行多层次、多角度的统计与分析,查询与统计结果可以采用表格、图形、二维、三维等多种形式进行显示。

## 三、系统整体功能设计

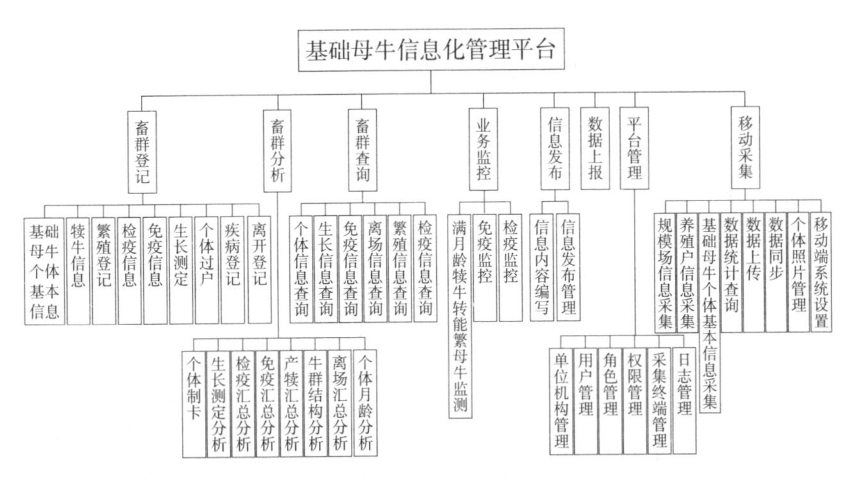


**图 6-3 基础母牛信息化管理整体功能设计**

2014 年 3 月 5 日发展和改革委员会办公室以固市发改〔2014〕58 号文件立项批复《固原市基础母牛信息化管理平台建设项目实施方案》,下达固原市基础母牛信息化管理平台建设任务。为准确掌握固原市主导产业肉牛业特别是基础母牛和犊牛(公、母)的数量、品种、分布动态、饲养水平和粪污资源化利用,制定《固原市加快推进草畜产业发展政策意见》,特此开发了固原市基础母牛信息化管理平台。

我国在肉牛信息化管理系统研究方面起步晚，基础母牛信息化管理研究是目前和未来很长一段时间内的主要发展趋势,但该系统的构建对提高固原市基础母牛信息化管理水平、加快肉牛改良进程、降低基础母牛管理成本、粪污资源化利用、增加经济效益具有重要意义。

# 第七章　典型案例

## 案例一　宁夏向丰现代生态循环农业产业园牛粪加工有机肥还田技术模式

### 一、简介

宁夏向丰现代生态循环农业产业园创建于 2014 年 7 月，地处黄土高原中心地带，属于温带大陆性气候，海拔 1 688~2 633 m，年均气温 5.3℃，年均降水 400 mm 左右。产业园占地面积 361 亩，种养结合农田消纳核心示范基地 1.2 万亩。示范园地处西吉县葫芦河川道区核心区，北接 309 国道，南连 202 省道公路，固将公路穿境而过，交通便利(图 7–1)。

图 7–1　宁夏向丰现代生态循环农业产业园

示范园立足当地绿色马铃薯、清真肉牛、冷凉蔬菜三大主导产业，以马铃薯精深加工、有机肥工厂化生产和农业社会化综合服务依托，高起点、高标准、高水平创建现代生态循环农业产业示范园。2015 年年底完成一期建设，总投资 5 600 万，建成标准化养殖园区和社会化综合服务中心，已建成标准化双排牛舍 10 座 15 000 $m^2$、饲草料大棚 2 座 4 000 $m^2$、青贮池 3 座 10 000 $m^3$、办公及质检室 1 座 350 $m^2$、防疫消毒室 1 座 300 $m^2$，饲养安格斯、西门塔尔基础母牛 160 头，育肥牛 500 头，年繁殖良种犊牛 120 头。2016 年宁夏向丰现代生态循环农业示范园总投资 1 650 万元，完成二期果蔬采摘园建设，建成宁夏第四代大跨度日光温室 4 座，单层全钢架大拱棚12 座，双层全钢架大拱棚 6 座，共占面积 160 亩，建成马铃薯种薯繁育基地 6 000 亩，露地标准化蔬菜生产基地 2 000 亩，青贮玉米基地 4 000 亩。2017 年完成三期建设，总投资 2 800 万元，建成有机肥加工车间一座 4 000 $m^2$、晾晒厂一处 4 000 $m^2$、产品库一座 2 000 $m^2$，购置安装年产 3 万 t 有机肥生产线 1 条。投入试运营后，已生产有机肥 3 500 t，实现产值 280 万元，实现利润 52 万元。开展种、养、加循环利用，推进一、二、三产业融合发展，实现了农业投入减量化、废弃物利用资源化、生产过程清洁化，探索出宁夏南部山区生态循环农业新模式。同时园区积极助推精准扶贫工作，采取“借母产犊”“代养托管”和“四方合作”三种帮扶模式，帮扶建档立卡贫困户 71 户，实现帮扶资金 36 万元，使当地贫困村建卡贫困户每年固定分红 720 万元；每年解决当地近 500 名农民就地就近务工就业，实现务工收入 1 400 万元。辐射带动周边种养殖农户 3 000 户，户均年收入达 2 万元以上。

**图 7–2　肉牛标准化规模养殖**

总之，该模式构建起资源节约、生产清洁、废物循环利用、产品安全优质的生态循环农业发展路径，做到草（粮）→牲畜→粪肥→草（粮）的良性循环，实现了种、养、加、销过程对环境无污染，有效地保护了环境，社会效益明显，是生态循环农业的一个成功典范，对促进西吉特色产业转型升级有着积极作用，而且对今后创新生态循环农业发展机制和积累工作经验有着现实意义。

## 二、工艺流程

牛粪便收集贮存→原料预处理(晾晒、添加调理剂和膨胀剂,调节水分和 C/N 比)→堆肥发酵 (适时翻堆通风)→堆肥化后处理加工 (筛分、粉碎)→生产商品有机肥、生物有机肥和有机无机复混肥、复合微生物肥料。

## 三、技术要点

### (一)牛粪便收集贮存

肉牛规模养殖场(小区)产生大量的牛粪便,既可作为宝贵的有机肥料,也能造成环境污染。为此,特规划设计无害化处理系统工程,一是对固态牛粪清理到集粪场,晾晒,蒸发水分;液态粪尿收集到化粪池发酵,过滤稀释后直接入农田或牧草地。

### (二)牛粪好氧堆肥发酵处理

(1)原料预处理　对牛粪的水分、粒度、C/N、pH 做出调整。根据《农用微生物菌标准》(GB 20287—2006)选用合适菌种制品。

图 7-3　条垛式堆肥发酵

(2)条垛式发酵技术要求　堆体底部宽控制在 1.2~3.0 m 之间,以 2 m 左右为适宜,堆高控制在 0.8~2.0 m 之间,以 1.2 cm 左右为最适宜,条垛间距大为 0.8~1.0 m。

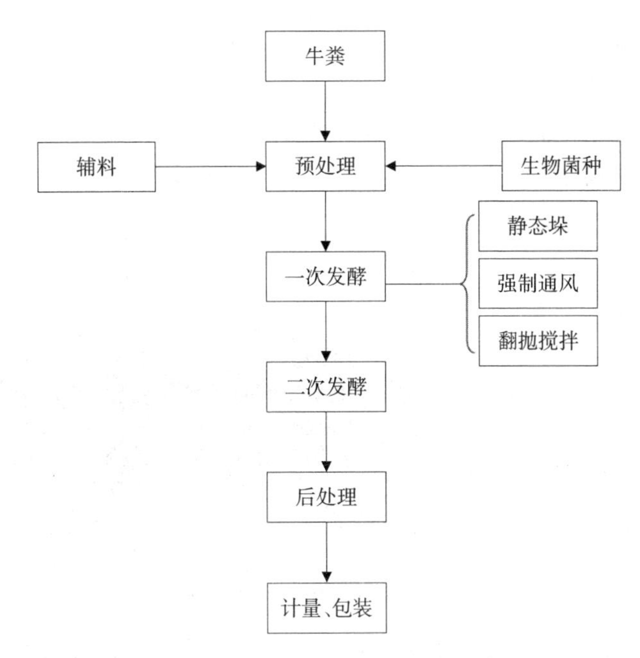


图 7–4 畜禽粪便堆肥工艺流程图

(3)堆肥设备 主要是条垛式翻堆机,根据条垛的大小、形状以及位置选机型。主要设备的技术参数为最大允许堆高 2 m、堆宽 3 m,前进、后退速度可达到 5~15 m/min,生产能力不小于 600 m³/h。

(4)工艺控制 按照《畜禽粪便堆肥技术规范》(DB64/ T 871—2013)。

一次发酵。①含水率宜控制在 60%左右,即抓一把在手里,握紧成团,指缝间可见水但不滴水,松开手轻轻一碰即散开。②在发酵过程中,应每天测定堆体温度 3~4 次,温度测量应从堆体表面向内 10~30 cm 为准。堆肥温度应在 55℃以上保持 5~7 d,最高温度不宜超过 75℃,不能因为高温杀死微生物菌种。③堆肥温度达到 60℃以上,保持 48 h 后开始翻堆,每 3~5 d 翻堆 1 次,但当温度超过 75℃时,立即翻堆。翻堆时尽量将底层物料翻入堆体中上部,以便充分腐熟。一次发酵周期一般应大于 15 d。发酵终止时,堆体不再升温、无臭味。

二次发酵。二次发酵过程中,严禁再次添加新鲜的堆肥原料。含水率宜控制在 40%~50%。为减少养分损失,物料温度宜控制在 50℃以下,可通过调节物料层高控制堆温 pH 应控制在 5.5~8.5，如果 pH 超出范围，需进行调节。二次发酵周期一般为 15~30 d。

发酵终止时，腐熟堆肥应符合下列要求：

a.外观颜色为褐色或为灰褐色、疏松、无臭味、无机械杂质；

b.含水率宜小于 30%；

c.碳氮比（C/N）小于 25:1~30:1；

d.耗氧速率趋于稳定。

图 7-5 条垛式翻堆机设备

堆肥产品可直接用作土壤改良剂；也可作为生产商品有机肥、生物有机肥和有机无机复混肥、复合微生物肥料的原材料。作为有机肥应执行 NY 525 相关规定；作为生物有机肥应执行 NY 884 相关规定。

图 7-6 有机肥加工车间

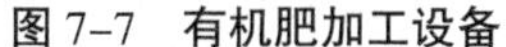

图 7-7 有机肥加工设备

图 7-8 有机肥种植农作物

**四、适用范围**

该模式适合宁夏南部山区肉牛规模养殖场(小区),所生产的有机肥广泛适用于各类农作物。

该模式优点:一是变废为宝,实现了养殖粪便资源化利用。该技术模式以马铃薯制粉粉渣、青贮玉米、优质紫花苜蓿等为饲料发展肉牛养殖,以牛粪为原料生产优质有机肥料还田种植马铃薯、绿色蔬菜、青贮玉米,变废为宝,确保粪便资源化、无害化利用,使企业经济效益最大化。二是减少化肥用量,降低农业面源污染。用牛粪加工的有机肥,植物所需养分全面,除含氮、磷、钾(N、P、K)等大量元素外,还含有许多作物所需的中量元素和微量元素,能提供全面的所需营养,可替代一部分化肥,又能提高化肥利用效率,可避免因化肥过量使用而造成的农田面源污染。同时,可解决养殖场(小区)粪便对生产和生活环境造成污染的问题。三是降低生产成本,改良土壤。有机肥原料来源广,可以就地取材,储运方便,价格低廉,可节省化肥,降低生产成本。有机肥含有机质和腐殖质,能改良土壤结构,协调土壤的水、肥、气、热,增强土壤的通气透水能力和保肥、保水、供肥、供水能力。四是提高农产品品质,降低有害积累。由于生物有机肥中的活菌和保肥增效剂的双重作用,可促进农作物中硝酸盐的转化,减少农产品硝酸盐的积累。产品口味好、保鲜时间长、耐储耐运。增施有机肥已成为生产无公害、绿色农产品的核心技术措施。五是所需设备简单,成本投资相对较低。

该模式也存在以下问题:一是占地面积大,堆腐周期长,需要大量的翻堆机械和人力。二是翻堆会造成臭味散发,影响周围环境。三是运行操作受气候影响大,雨季会破坏堆体结构,冬季则造成堆体热量大量散失、温度降低等问题。

## 案例二　固原博源粪便集中好氧堆肥专业加工有机肥技术模式

### 一、简介

固原市原州区博源肉牛养殖农民专业合作社于2010年登记注册，注册资金615万元，占地面积20亩。园区位于原州区头营镇石羊村，现有社员228户，其中建档立卡贫困户56户；标准化牛舍185栋，牛舍总面积8 188 m$^2$；青贮池92处，青贮草8 785 m$^3$；2016年存栏牛1 875头。

结合合作社的实际情况，2013年被宁夏环保厅纳入农村环境综合整治项目库内的畜禽养殖场(小区)，由于经营管理模式变化，合作社下设了固原博兴源农牧有限公司于2013年6月登记注册。由于原州区头营镇石羊村是牛羊养殖专业村，属养殖密集区，宁夏环保厅依托合作社对周边养殖场(小区)户(小区)的粪便实行专业化收集和运输，并按资源化和无害化要求集中处理和综合利用。2014年合作社新建畜禽粪便无害化处理有机肥加工厂1处，建筑面积1 800 m$^2$，引进有机肥生产线2套，机械设备

图7-9　固原市原州区博源肉牛养殖农民专业合作社

图7-10　肉牛饲养圈舍

20台(套)。

年产10 000 t一条有机肥生产线。

图7-11 有机肥加工车间

表7-1 主要设备一览表

| 序号 | 设备名称 | 规格及型号 | 数量/台 | 功率/kW | 备注 |
| --- | --- | --- | --- | --- | --- |
| 1 | 自动上料仓卧式粉碎机输送机、分级筛、输送机等 | LY-500型 | 1套 | 32.4(4级) | 主体壁厚8 mm,$\phi$500 mm,用于有机肥原料的粉碎。该五套设备是粉碎粉状有机肥的小成套设备,一人操作,可有效节省劳动力,提高工作效率 |
| 2 | 立式搅拌机 | LY-1600型 | 1 | 7.5(4级)<br>7.5(4级) | 主体壁厚6 mm,底厚8 mm,$\phi$1 800 mm×450 mm,功率7.5 kW,减速机BQ-8#,附带循环油泵 |
| 3 | 圆盘造粒机 | LY-2800型 | 1 | 7.5(4级)<br>7.5(4级) | 主体壁厚8 mm,底厚10 mm,$\phi$3 000 mm×450 mm,功率7.5 kW,减速机ZQ-400型齿轮减速机 |
| 4 | 烘干机 | LY-1400型 | 1 | 15(调速) | $\phi$1 400 mm×14 000 mm,钢板厚12 mm,功率15 kw,ZQ-400型齿轮减速机,滑道、齿圈材质为铸钢件 |
| 5 | 冷却机 | LY-1200型 | 1 | 11(调速) | $\phi$1 200 mm×12 000 mm, 功率11kW,减速机ZQ-400型,滑道、齿圈材质为铸钢加工件 |

表 7-2　配套设备一览表

| 序号 | 设备名称 | 规格及型号 | 数量/台 | 功率/kW | 备注 |
|---|---|---|---|---|---|
| 6 | 引风机 | LY-54-7-8# | 1 | 22(4 级) | 引风机 5-47-8#,功率 22 kW,风量(Q)25 000 $m^3$/h,风压(H)2 800 Pa |
| 7 | 分级筛 | LY-1400 型 | 1 | 2.4 | $\phi$1 400 mm×4 800 mm，功率 3 kw,减速机 ZQ250 型,筛网材质为钢丝 |
| 8 | 皮带输送机 | LY-600 型 | 6 | 10.3(6 级) | 输送带宽 500 mm，总功率 10.3 kW |
| 9 | 除尘器 | LY-1300 型 | 1 |  | 除尘器 $\phi$1 300 mm,高 4 m |
| 10 | 引风管道及连接弯头 | 直径 500 mm |  |  | 直径 500 mm，板厚 3 mm,用于烘干机与风机的连接 |
| 11 | 自动包装秤 | LY-10 型 | 1 | 4 | 电脑自动控制包装,一个人实现套袋、折边、封口、剪线等操作，提高工作效率,10~15 t/h。总功率 4 kW |
| 12 | 磨煤喷粉机(含砌炉工费) | LY-120 型 | 1 | 11(4 级) | 该机取代炉排式燃煤炉,传统炉排燃煤,只能将煤燃烧一部分，中间部分不能充分燃烧,造成能源浪费,该机能将煤磨碎，并把煤粉直接喷入燃烧室,使之充分燃烧,比普通燃煤节能 30%~40% |
| 13 | 配电柜 |  | 1 |  | 控制所有运转设备中电机、电器的开启、闭合。安全系数高,自动化程度强 |
| 14 | 装载机 | ZL20GN | 1 |  |  |
| 15 | 翻抛机 | LG-2300 型 | 1 |  |  |

表 7–3 主要建(构)筑物一览表

| 序号 | 建筑名称 | 建筑面积 / $m^2$ | 结构形式 | 备注 |
| --- | --- | --- | --- | --- |
| 1 | 堆粪场 | 600 | 露天,地面硬化 | 半封闭设 1.2 m 围网 |
| 2 | 生产车间 | 600 | 轻钢结构 | |
| 3 | 成品库房 | 1100 | 单层,砖混结构 | |

本套有机肥生产线年处理畜禽粪便 40 000 t,可生产有机肥 10 000 t,有机肥生产成本 800 元/t,有机肥销售价格 1 000 元/t,有机肥主要用于花卉、蔬菜大棚、枸杞基地和其他农作物。总投资 240 万元,年运行费用 54 万元,年经济效益 180 万元。

## 二、工艺流程

禽畜粪便可作为生产优质商品有机肥的天然原料。但是它本身含水量高、有蛔虫、各种病原菌和杂草种子等,因此,必须解决干燥、腐熟、除臭、无害化(杀灭病原菌)的问题。

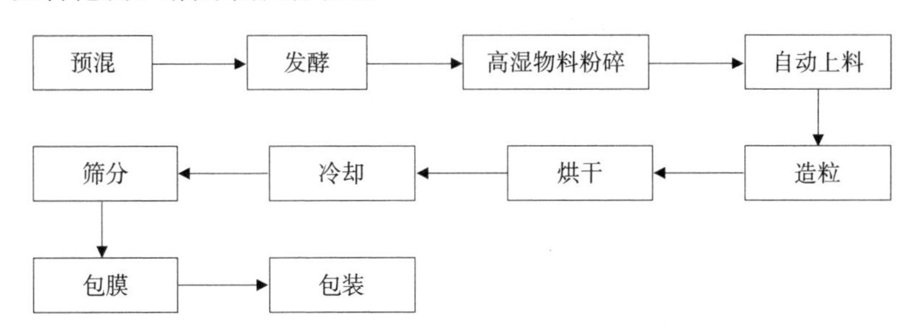


图 7–12 生产工艺流程

本项目工艺流程可分为:配料、混合、搅拌、发酵、造粒、烘干、冷却、筛分、成品包膜、成品包装。

## 三、技术要点

1.发酵

原料配比:利用水分低于 85%的牛粪,然后加入生物功能菌,使牛粪、辅料的碳氮比控制在 23:1~28:1,含水量控制在 52%~68%。

发酵:原料和辅料及生物菌剂混合搅拌后发酵,堆高 1~2 m。堆好以后,在 24~48 h 内温度上升到 60℃以上,温度保持 48 h 后开始翻堆。翻堆要彻底,将低层物料尽量翻入堆中的中上部,以便充分腐熟。第一次翻堆后,每星期都要翻堆 1 次。期间,如果温度超过 75℃时,必须立即翻堆通风,防止有益微生物及发酵菌被高温大量杀死,不利于发酵。

温度控制及翻推技术:物料堆好后开始测定并记录发酵温度,在距发酵堆表面 30 cm 左右深处测定温度。当堆温达到 50℃左右时,翻堆供氧。上下内外翻匀,利于充分发酵。堆体温度升到 60℃后,每 2~3 d 翻堆一次,堆温达 75℃以上时必须立即翻堆降温。将发酵堆温度控制在 60~70℃。有通风条件的,可通风供氧。堆温若在 4~5 d 内达不到 50℃,也要立即翻堆或采取其他措施,使堆温迅速上升。经多次翻堆,堆体温度开始下降,不再反弹,一次发酵结束。然后翻到另处集中静置堆放,进入后熟阶段,需 10~15 d 以上,不必再翻堆或通风。

2.烘干

腐熟物料进入热风炉利用热风烘干后进入造粒机,废气经除尘器除尘后,通过烟囱排入大气。

烘干设备选用 LY-1400 滚筒干燥机配燃烧炉和抽风除尘装置配套使用。LY-1400 滚筒干燥机适用于粉状、颗粒状,尤其是黏结性较强物料的干燥生产。滚筒内设有抄板等特殊结构,进入滚筒内的湿物料在抄板的作用下,在滚筒内被抛散和向前滚动,同时与热空气充分接触,物料在短时间内蒸发干燥。

热风炉选用 LY-120 磨煤喷粉机,该系统能为供暖空间提供无污染的洁净热空气。它不仅能迅速提高室温,而且能结合纵向通风机,在不降低室温的情况下彻底地通风换气。

3.造粒

粉状物料经过输送机送入造粒机,完成造粒,烘干后颗粒温度过高,易结块,进入冷却机冷却,冷却后的颗粒进入回转筛分机,回转筛分机会将颗粒分为三种,成品从料口流出,大颗粒会粉碎重新造粒,小颗粒会从筛网漏出返回重新造粒。

4.包装

最后将成品装袋保存和运输,将合格产品涂衣包膜增加颗粒的亮度与圆润度,将包过膜的颗粒,也就是成品装袋放在通风处保存,便于出售运输。

图 7-13　有机肥加工设备

图 7-14　有机肥种植经济作物

# 案例三　固原市畜禽粪污资源化利用信息管理技术模式

## 一、系统运行环境

开发语言:JAVA。

开发环境:MyEclipse8.5。

服务端操作系统: Windows Server 2008 R2。

服务端 Web 服务: Tomcat。

客户端浏览器:Internet Explorer 8 及以上系统运行的网络环境：云平台,需要有固定 IP 地址以便数据的采集上报。

## 二、系统总体功能结构

固原市基础母牛信息化管理平台开发了两套系统，基础母牛信息管理系统和手持采集终端系统两部分。(见图 7-15)

手持采集终端采集系统:用来采集和暂存养殖户和基础母牛信息,可以将采集的信息上传到信息化管理数据库,也可以下载数据库原有数据。

基础母牛信息管理系统:用来管理数据,手持终端采集的信息上传到数据库后,信息的审核,信息的矫正,信息的查询,数据的分析、业务数据的提取、“见犊补母”资金的落实等都可以在该系统里面操作。

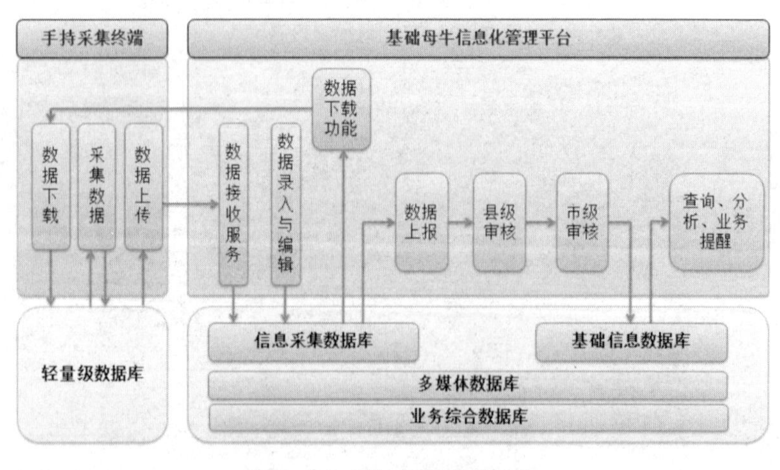


图 7-15　系统总体功能结构

## 三、系统总体框架

(一)基础母牛信息平台系统整体结构框架

基础设施层:服务器,包括应用服务器和数据库服务器,同时还包括支撑服务器运行的操作系统（Windows Server 2008)、应用软件(Tomcat、Oracle 11g 等)等软设施。

数据库层:存储系统正常运行的数据源,它是基于企业级数据库建立一个大的基础母牛信息管理数据库，这些数据来自手持终端提交的数据以及进一步收集的各类数据(如多媒体、基础数据等),通过数据采集、审批、提交等过程,将数据最终形成一个一体化的、集中式存储的数据库。

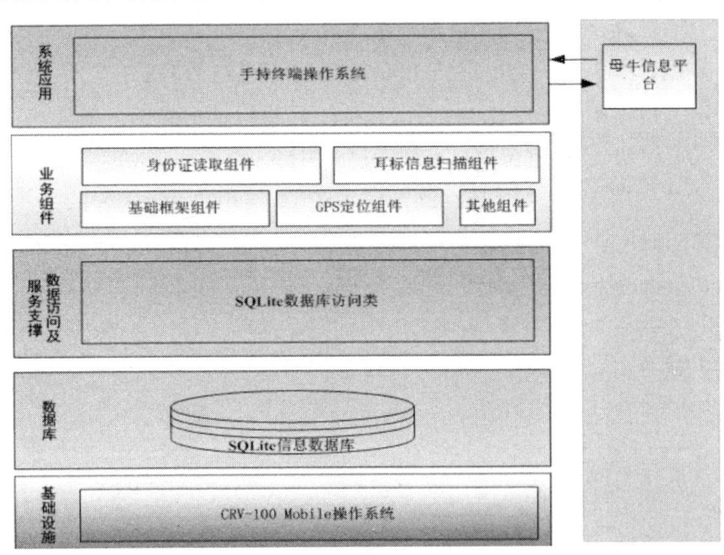


图 7-16　系统总体框架结构

数据访问及服务支撑层：数据访问层包括了支持系统正常运行的数据访问引擎主要是大型 Oracle 数据库和小型 SQLite 数据库访问类；服务支撑层主要用来实现系统的业务处理调用和数据交换。所有的 Web 服务组件均部署在 Web Service 服务器上。

业务组件层:是真正实现基础母牛信息管理功能的核心部分,本层不但包括实现基本业务的标准组件，还包括以 Web 服务形式向外提供服务的接口,这两种形式的组件均是用来与后台数据库进行信息交互,通过程序逻辑具体实现细粒度、粗粒度的信息服务的业务需求。

系统应用层:主要是基础母牛信息管理平台,本层用户基于 B/S 的方式通过图形界面(专业应用系统、门户、触屏等)调用业务组件接口,可以完成基础母牛信息的查询与显示,可以进行多层次、多角度的统计与分析,查询与统计结果可以采用表格、图形、二维、三维等多种形式进行显示。(见图 7-16)

(二)手持终端系统整体结构框架

基础设施层:使用 CRV-100 移动设备,设备系统为 Android 和 Windows Mobile 操作系统。数据库层:使用 SQLite 数据库保存数据,SQLite 是一个轻量级、跨平台的关系型数据库。

数据访问及服务支撑层:SQLite 数据库访问类。业务组件层:业务组件层是手持移动终端的核心部分,包括二代身份证信息的采集模块,耳标信息采集模块,GPS 定位信息模块等。

系统应用层:主要手持移动操作系统,本层用户基于 C/S 的方式通过图形界面调用业务组件接口,可以完成基础母牛信息的录入,修改,查询与显示和数据的上传与下载。(见图 7-17)

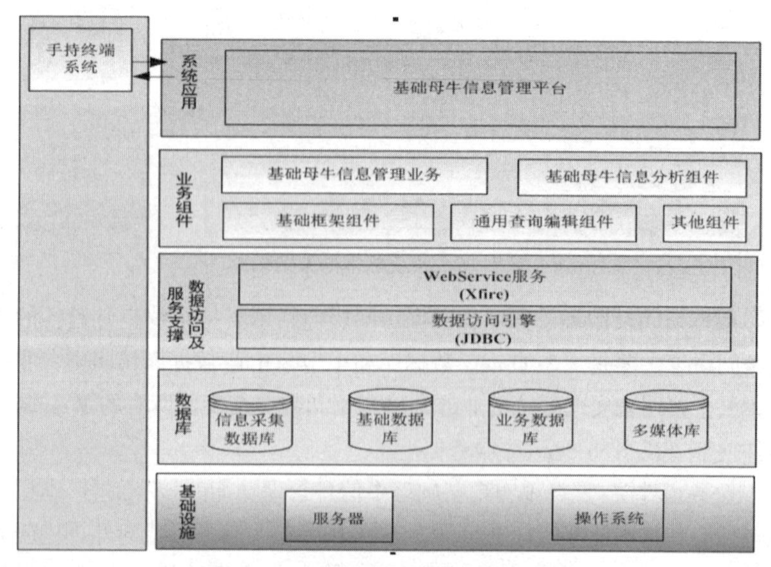

图 7-17　手持终端系统总体框架结构

## 四、系统功能

系统按功能可以分为首页、信息审核子系统、信息查询子系统、信息分析子系统、其他业务子系统及系统设置子系统六大子系统模块。（见图7-18）

图7-18　系统登录界面

（一）首页

图7-19　系统首页

首页包括能繁母牛转换提醒、“见犊补母”名单、防疫工作提醒及母牛繁殖工作提醒四个选项。首页界面也可选择统计市、县、乡(镇)和村基础母牛饲养量、符合“见犊补母”标准的母牛饲养量及其所产犊牛的量。(见图 7-19)

(二)信息审核子系统

信息审核子系统包括综合界面、信息纠错、养殖户基础设施情况、养殖户作物种植情况、养殖户粪污处理设施情况、规模养殖场(小区)、基础母牛、母牛繁殖、牛只检疫、牛只防疫、牛只生长测定、牛只疾病、牛只入离场、牛只注销等选项,其中综合界面主要用于市、县两级管理员审核上报的养殖户、规模养殖场(小区)和牛只数据信息,如有错误数据便可驳回修改再次上报审核。信息纠错主要用于显示登记过程中出现的错误提示,便于及时完善正确信息。信息审核子系统是数据库储存准确数据的保障系统,为信息分析提供基础数据,是基础母牛信息化管理系统的核心。(见图 7-20)

图 7-20 信息审核子系统

(三)信息查询子系统

信息查询子系统包括养殖户基础设施情况、养殖户作物种植情况、养殖户粪污处理设施情况、规模养殖场(小区)、基础母牛、母牛繁殖、牛只检疫、牛只防疫、牛只生长测定、牛只疾病、牛只入离场、牛只注销等选项。其中养殖户选项主要包括养殖户的建档编号、户主姓名、身份证号、身份证照片、地址、联系电话、一卡通账号、饲养量、基础设施及饲草种植规模的信息。规模养殖场(小区)主要选项包括建档编号、规模养殖场(小区)名称、负责人姓名、身份证号、身份证照片、地址、联系电话、一卡通账号、饲养量、基础设施及饲草种植规模的信息。基础母牛选项主要包括照片、电子耳标号、品种、月龄、来源、繁殖状态的信息。信息查询子系统给每个养殖户及其基础母牛建立了档案,便于畜牧业管理人员及时准确掌握每个饲养户基础母牛饲养能力及当前基础母牛饲养状况,找出在同地同条件下与其他养殖户的差距,及时给存在问题的养殖户提供饲养意见。(见图 7–21)

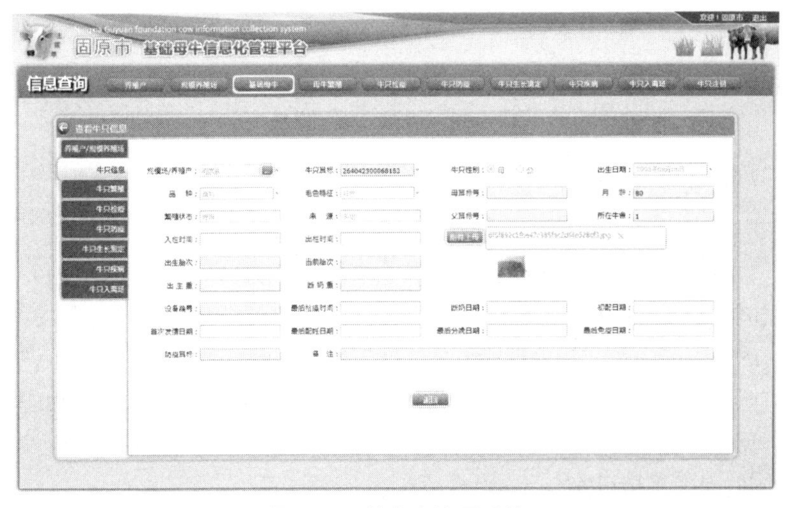


图 7–21 信息查询子系统

(四)信息分析子系统

信息分析子系统包括综合分析、养殖户、规模养殖场(小区)、基础母牛、母牛繁殖、牛只检疫、牛只防疫、牛只生长测定、牛只疾病、牛只入离场、牛只注销 11 个选项。其中综合分析包括犊牛年出生量、政区品种分布及母牛年存栏量。信息分析子系统用于统计评估某县、某乡(镇)及某村养殖能力,为制定合适的产业政策提供了理论依据。(见图 7–22)

图 7–22 信息分析子系统

## 五、实际应用效果

1.保障了肉牛健康可持续发展

基础母牛信息化管理系统实现了养殖户、规模养殖场(小区)的养殖户和牛只基本信息的在线数字化管理,科学评判养殖户、规模养殖场(小区)的养殖能力和粪污处理能力。数据信息长期保存可随时调取预览,“见犊补母”资金通过“一卡通”一步发到农民手中,平台网站实时在线动态掌握“见犊补母”政策落实情况,有力保障惠农资金落实到位,促进产业发展的同时保障了环境安全。

2.实现了基础母牛数字化管理

科学信息化的管理是节本增效的最好办法。系统详细记录了基础母牛的繁殖状态、分布、品种和后备母牛的月龄,预警模块随时呈现母牛繁殖工作提醒和能繁母牛转换提醒,为管理员及时开展工作提供了方便,提高了工作效率。系统还实现了防疫接种信息化管理,详细记录了防疫的时间和接种的疫苗,同时实现对疾病的监控,为采购适合本区域免疫疫苗提供了可靠信息,对用肉牛用药的监控,保障了抗生素等药物在牛肉中残留的监控,科学合理的用药,才能生成出来健康的牛肉。另外,“一牛一标”的电子耳标管理制度能够准确掌握基础母牛养殖动态，分布区域，为制定肉牛产业清洁生产提供科学依据。

3.为建立牛肉可追溯体系打下基础

基础母牛在线动态管理为下一步在全市建立牛肉追溯体系打下基础。系统还详细记录了公犊牛养殖户、产地、品种、毛色、照片、母本电子耳标、防疫信息、用药状况等基本信息，为下一步建立牛肉追溯体系提供了翔实的信息，为肉产品的安全起到了源头控制的作用。

4.多级化管理体系保证了数据的客观性

固原市基础母牛信息化管理系统实行市、县和乡（镇）三级分级管理，乡（镇）级管理人员负责信息采集上传和对驳回数据的完善；县级管理人员负责辖区内所有数据的初审，有权驳回有疑问的数据；市级管理人员负责数据的终审，多级化的审核体系，有效保证了进入基础数据库数据的真实性和客观性。

5.系统有较大的经济效益潜力

截至 2017 年年底，固原市基础母牛信息化管理平台共录入肉牛规模养殖场（小区）109 个，养殖户 79 125 户，存栏肉牛 561 627 头，其中佩戴基础母牛电子耳标 378 230 头，符合“见犊补母”标准的 158 857 头，按照出生公母比例 1:1 计算，电子耳标有效管控了 79 429 头母犊牛，按照往年 10%的流失比例，有效保护了 7 943 头母犊牛的外流，而且母犊牛育成后又可以作为能繁母牛继续产犊，按照 90%的繁殖成活率计算，7 943 头母牛可产犊 7 149 头犊牛，每头犊牛以 6 月龄出栏，体重 210 kg/头，每千克 30 元计算，创造了 4 503.87 万元的经济效益。肉牛产业是固原市脱贫攻坚的主导产业，该产业的健康稳定发展和生产，关系到固原市 121 多万常住人口牛肉的供给，肉牛业的健康可持续发展离不了对粪污资源化利用，只有做好肉牛业全产业链后端的粪污处理利用工作，才能做好前端的健康饲养。

6.弥补了农业农村部“养殖场直联直报”的不足，破解肉牛及养殖户信息登记的不完善

真实掌握了肉牛饲养数量、月龄、品种、分布及养殖户的饲养条件，对制定肉牛粪污处理措施和规划具有重要指导意义。同时也弥补了农业农

村部“养殖场直联直报”对散户养殖情况及散户养殖基础、耕地面积和饲草种植情况的缺失。固原市的养殖业多年来一直以“小规模、大群体”的形式存在,散养户是固原市肉牛养殖行业的主力军,只有抓好散户的粪污处理工作,固原市的主导产业——肉牛业的粪污资源化利用工作才能落到实处。

**六、农业农村部“养殖场直联直报”系统的畜禽粪污资源化利用管理**

按照《畜禽标识和养殖档案管理办法》(农业部令第67号)第二十条规定:“畜禽养殖场、养殖小区应当依法向所在县级人民政府畜牧兽医行政主管部门备案,取得畜禽养殖代码。畜禽养殖代码由县级人民政府畜牧兽医行政主管部门按照备案顺序统一编号,每个畜禽养殖场、养殖小区只有一个畜禽养殖代码。”在落实过程中,各地普遍存在备案不全、无依据设置备案条件、规模标准不统一、数据散落等问题。为此,农业农村部开展了全国畜禽规模养殖场摸底调查,开发了养殖场直联直报信息平台,拟对养殖场、粪污资源化利用机构等基础信息实行全国联网、统一编码管理,为实现全覆盖监管和信息可追溯奠定基础。为了做好畜禽粪污资源化利用工作,农业部在“养殖场直联直报”系统开发了畜禽粪污资源化利用管理模块,用于统计和管理该项工作。

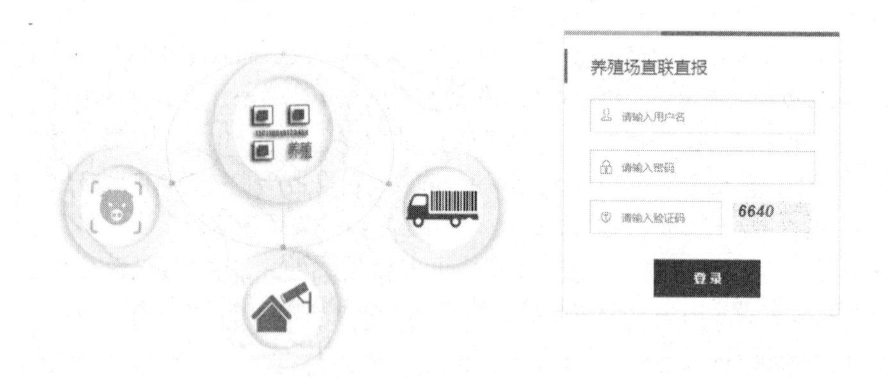


**图7-23　养殖场直联直报系统登录界面**

粪污资源利用管理包括资源化利用数据采集(资源化数据填写、上报、审核、驳回,汇总入库,统计的功能模块组)、绩效考核(资源化利用考核

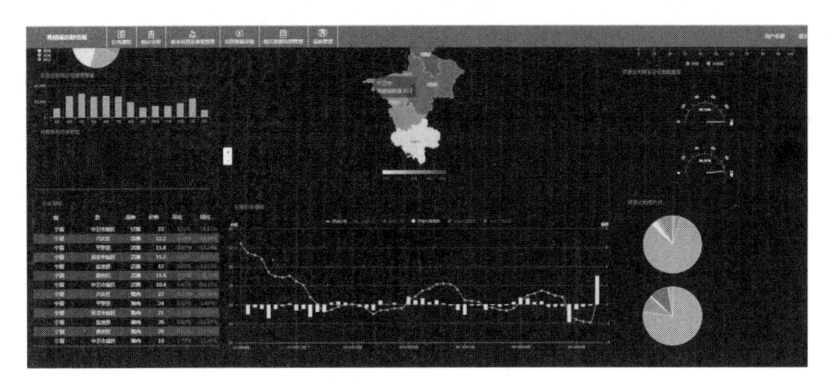

图 7-24　养殖场直联直报系统功能模块界面

数据模块组）。

统一备案规模标准：各主要畜禽品种规模标准起点如下：依据设计规模，生猪存栏 300 头或年出栏 500 头以上、奶牛存栏 100 头以上、肉牛存栏 100 头或年出栏 50 头以上、羊存栏 100 只或年出栏 100 只以上、蛋鸡存栏 2 000 只以上、肉鸡存栏 5 000 只或年出栏 1 万只以上，其他畜禽可按粪便排放当量折算后参照上述标准执行，各地也可以自行制定规模标准。同一单位或个人饲养两种及以上畜禽且均达到规模以上标准，分别按独立养殖场备案。获得种畜禽生产经营许可证的种畜禽场均应备案。

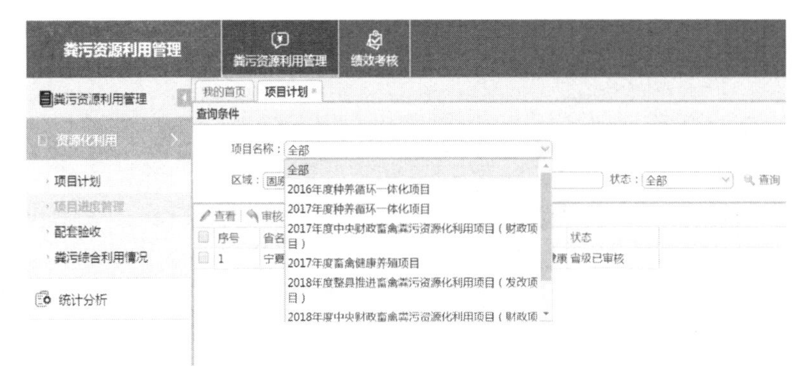


图 7-25　粪污资源化利用管理模块

农业农村部“养殖场直连直报”系统中的粪污资源利用管理工作，结合固原市“基础母牛信息化管理”工作，前者管理养殖场（小区）的粪污资源化利用工作,后者管理散养户的粪污资源化利用工作,两套系统配合使用,为固原市主导产业——肉牛业的健康稳定可持续发展和生产起到科学精准管理的作用,具有较强的操作性。

第四部分

# 附 录

# 附录一

ICS 13.020
C 51

# 中华人民共和国国家标准

GB 7959—2012
代替 GB 7959—1987

## 粪便无害化卫生要求

## Hygienic requirements for harmLess disposal of night soil

2012-11-20 发布　　　　2013-05-01 实施

中华人民共和国卫生部
中国国家标准化管理委员会　发布

# 目　次

# 前 言

本标准的全部技术内容为强制性。

本标准按照 GB/T 1.1—2009 给出的规则起草。

本标准代替 GB 7959—1987《粪便无害化卫生标准》。

本标准与 GB 7959—1987 相比主要变化如下：

——依据 GB/T 1.1—2009《标准化工作导则 第 1 部分:标准的结构和编写规则》调整了结构,对标准中的文字部分作了全面修改;

——补充了术语和定义,如粪便无害化处理、粪大肠菌值等;

——按好氧、厌氧与兼性厌氧发酵、密闭贮存、粪尿分集干式粪便处理和固液分离絮凝-脱水处理方法的类别,分别提出了卫生要求;

——本标准所指粪便无害化,涉及减少、去除或杀灭粪便中的肠道致病菌、寄生虫卵等生物性致病因子,强调农业资源化利用与土地处理是粪便深度处理的组成部分;

——明确了进行粪便处理运行监管部门和卫生监督检测部门的责任;

——修改并增加了与本标准配套监测检验方法的部分内容。

本标准由中华人民共和国卫生部提出并归口。

本标准负责起草单位：中国疾病预防控制中心环境与健康相关产品安全所。

本标准参加起草单位:四川省疾病预防控制中心、河南省疾病预防控制中心、重庆市疾病预防控制中心。

本标准主要起草人:王俊起、王友斌、潘力军、张本界、田洪春、孙凤英、韩克勤、汪新丽、谢红、潘顺昌。

# 粪便无害化卫生要求

## 1 范围

本标准规定了粪便无害化卫生要求限值和粪便处理卫生质量的监测检验方法。

本标准适用于城乡户厕、粪便处理厂（场）和小型粪便无害化处理设施处理效果的监督检测和卫生学评价。

## 2 规范性引用文件

下列文件对于本文件的应用是必不可少的。凡是注日期的引用文件，仅注日期的版本适用于本文件。凡是不注日期的引用文件，其最新版本(包括所有的修改单)适用于本文件。

GB 18918 城镇污水处理厂污染物排放标准

CJJ/T 30 城市粪便处理厂运行、维护及其安全技术规程

CJJ 64 粪便处理厂设计规范

消毒技术规范 卫生部

## 3 术语和定义

下列术语和定义适用于本文件。

3.1

粪便 excreta，night soil

人体排泄的粪和尿，统称为粪便。

3.2

粪便无害化处理 harmLess disposal of night soil

减少、去除或杀灭粪便中的肠道致病菌、寄生虫卵等病原体，能控制蚊蝇孳生、防止恶臭扩散，并使其处理产物达到土地处理与农业资源化利用的处理技术。

3.3

好氧发酵 aerobic fermentation

高温堆肥 thermophilic composting

采用人工与机械堆积的方式,在有氧条件下,经微生物作用,使粪便和生活垃圾等有机物,温度达到 50℃及以上并能维持一定时间的处理方法。

3.4

厌氧消化 anaerobic fermentation

粪便有机物在厌氧条件下，依专性厌氧菌使粪便中的有机物降解并产生沼气的处理方法,其处理设施包括高温、中温和常温沼气消化处理池。

3.5

兼性厌氧发酵 facultative anaerobic fermentation

依兼性厌氧菌使粪便中的有机物降解的处理方法，其处理设施包括三格化粪池、双瓮化粪池。

3.6

粪大肠菌值 values of fecal coliforms

检出一个粪大肠菌菌落形成单位的最小样本量，系评价粪便无害化效果的重要卫生指标,菌值越大表明处理效果越好。

3.7

消毒 disinfection

减少、去除或杀灭粪便中的病原微生物使达到无传播危害的处理技术。

**4 粪便处理的卫生要求**

4.1 城乡采用的粪便处理技术,应遵循卫生安全、资源利用和保护生态环境的原则。

4.2 对粪便必须进行无害化处理,严禁未经无害化处理的粪便用于农业施肥和直接排放。

4.3 粪便处理厂设计应符合 CJJ 64 的规定。采用固液分离-絮凝脱水处理法处理粪便时,产生的上清液应与污水处理厂污水合并处理,污泥须采用高温堆肥等方法处理。处理后最终的排放出水,其总氮、总磷等富营养化物质含量应符合 GB 18918 要求。

4.4 应有效地控制蚊、蝇孳生。使堆肥堆体、贮粪池与厕所周边无存活的蛆、蛹和新羽化的成蝇。

4.5 清掏出的贮粪池粪渣、粪皮,沼气池沉渣、各类处理设施的污泥,应经高温堆肥无害化处理合格后方可用作农业施肥。

4.6 肠道传染病发生时,应对粪便、贮粪池及粪便可能污染的场所、容器等进行消毒,消毒方法与消毒 剂应用应参照《消毒技术规范》的要求执行。

4.7 经各种方法处理后的粪便产物应符合表 1~表 4 的卫生要求。

**表 1 好氧发酵(高温堆肥)的卫生要求**

| 编号 | 项目 | 卫生要求 | |
|---|---|---|---|
| 1 | 温度与持续时间 | 人工 | 堆温≥50℃,至少持续 10 d<br>堆温≥60℃,至少持续 5 d |
| | | 机械 | 堆温≥50℃,至少持续 2 d |
| 2 | 蛔虫卵死亡率 | ≥95% | |
| 3 | 粪大肠菌值 | $\geq 10^{-2}$ | |
| 4 | 沙门氏菌 | 不得检出 | |

**表 2 厌氧与兼性厌氧消化的卫生要求**

| 编号 | 项目 | 卫生要求 | |
|---|---|---|---|
| 1 | 消化温度与时间 | 户用型 | 常温厌氧消化 ≥30 d<br>兼性厌氧发酵 ≥30 d |
| | | 工程型 | 常温厌氧消化 ≥10℃ ≥20 d<br>中温厌氧消化 35℃ ≥15 d<br>高温厌氧消化 55℃ ≥8 d |
| 2 | 蛔虫卵 | 常温、中温厌氧消化 沉降率 ≥95%<br>高温厌氧消化 死亡率 ≥95% | |
| 3 | 血吸虫卵和钩虫卵[a] | 不得检出活卵 | |
| 4 | 粪大肠菌值 | 中温、常温厌氧消化 $\geq 10^{-4}$<br>高温厌氧消化 $\geq 10^{-2}$<br>兼性厌氧发酵 $\geq 10^{-4}$ | |
| 5 | 沙门氏菌 | 不得检出 | |

[a] 在非血吸虫病和钩虫病流行区,血吸虫卵和钩虫卵指标免检。

**表 3 密封贮存处理的卫生要求**

| 编号 | 项目 | 卫生要求 |
|---|---|---|
| 1 | 密封贮存时间 | 不少于 12 个月 |
| 2 | 蛔虫卵死亡率 | ≥95% |
| 3 | 血吸虫卵和钩虫卵 | 不得检出活卵 |
| 4 | 烘大肠菌值 | $\geqslant 10^{-4}$ |
| 5 | 沙门氏菌 | 不得检出 |

**表 4 脱水干燥、粪尿分集处理粪便的卫生要求**

| 编号 | 项目 | 卫生要求 | |
|---|---|---|---|
| 1 | 贮存时间 | 尿 | 及时应用；<br>疾病流行时，不少于 10d[a] |
| | | 粪 | 草木灰混合 2 个月；<br>细沙混合 6 个月；<br>煤灰、黄土混合 12 个月 |
| 2 | 蛔虫卵 | 死亡率 ≥95% | |
| 3 | 血吸虫卵和钩虫卵 | 不得检出活卵 | |
| 4 | 粪大肠菌值 | $\geqslant 10^{-2}$ | |
| 5 | 沙门氏菌 | 不得检出 | |
| 6 | pH | 草木灰、粪混合后>pH9 | |
| 7 | 水分 | 50%以下 | |
| [a] 按卫生行政部门的要求执行。 | | | |

## 5 监督监测

5.1 粪便处理厂应按照 CJJ/T 30 的规定进行日常运行监测。

5.2 相关部门应定期进行粪便处理效果的监督监测和卫生学评价。

## 6 监测检验方法

6.1 高温堆肥温度测定方法见附录 A。

6.2 粪便水分含量测定法见附录 B。

6.3 沙门氏菌检测法见附录 C。

6.4 堆肥、粪稀中粪大肠菌群检验法见附录 D。

6.5 蛔虫卵检查法见附录 E。

6.6 粪稀钩虫卵检查法见附录 F。

6.7 粪稀中血吸虫卵检查法见附录 G。

6.8 蠕虫卵死活鉴别方法见附录 H。

6.9 蚊、蝇的密度监测方法见附录 I。

# 附 录 A

（规范性附录）

## 高温堆肥温度测定方法

### A.1 适用范围

适用于高温堆肥堆体内温度的测定。

### A.2 温度要求

堆体好氧发酵过程中，保持 50℃以上的温度，是评定粪便无害化效果的重要指标。

### A.3 仪器

选择金属套筒温度计或热敏数显测温装置。

### A.4 测定方法

A.4.1 测点：堆体的上、中、下三层，各层测量堆体距表面 10 cm 与中心部位两个测点。

A.4.2 待温度恒定后，读数记录。

A.4.3 在堆积周期内应每天测试各测试点温度。

# 附 录 B

(规范性附录)

## 粪便水分含量测定法

**B.1 适用范围**

适用于脱水干燥、干式贮存粪便水分含量的测定。

**B.2 温度要求**

粪便样品在(105±2)℃烘至恒重时的失重,即为粪便样品所含水分的质量。

**B.3 仪器、设备**

B.3.1 金属铲。

B.3.2 土壤筛:孔径 1 mm。

B.3.3 铝盒:小型的直径(*D*)约 50 mm,高约 20 mm。

B.3.4 天平:感量为 0.001 g。

B.3.5 电热恒温烘箱。

B.3.6 干燥器:内盛变色硅胶或无水氯化钙。

**B.4 试样的选取和制备**

用金属铲在贮粪池取有代表性的粪样,刮去上部浮物,将金属铲至所需深度处,取粪便样品约 10 g, 迅速装入已知准确称量的铝盒内,盖紧并将铝盒外表擦拭干净,待测定。应做平行样。

**B.5 测定步骤**

将盛有粪便的两份平行样品铝盒分别在分析天平上称量, 准确至 0.01 g。揭开盒盖,放在盒底下, 置于已预热至(105±2)℃的烘烤箱中烘烤 12 h。取出后立即盖紧,在干燥器中冷却至室温(约需 30 min),再称重。样品在烘箱内应干燥至恒重(烘烤规定时间后一次称量),使两次称量差值不超过试 样质量的 3%。

## 6 测定结果的计算

B.6.1 计算公式:

湿重计算方法见公式(B.1)

$$w_{湿}=\frac{m_1-m_2}{m_1-m_0}\times100\% \quad\cdots\cdots\cdots\cdots \quad (B.1)$$

式中:

$w_{湿}$——湿重,%;

$m_0$——烘干空铝盒质量,单位为克(g);

$m_1$——烘干前铝盒及土样质量,单位为克(g);

$m_2$——烘干后铝盒及土样质量,单位为克(g)。

干重计算方法见公式(B.2)式中:

$$w_{干}=\frac{m_1-m_2}{m_2-m_0}\times100\% \quad\cdots\cdots\cdots\cdots \quad (B.2)$$

$w_{干}$——干重,%;

$m_0$——烘干空铝盒质量,单位为克(g);

$m_1$——烘干前铝盒及土样质量,单位为克(g);

$m_2$——烘干后铝盒及土样质量,单位为克(g)。

B.6.2 平行测定的结果用算术平均值表示,保留小数点后一位。

# 附　录 C

（规范性附录）

## 沙门氏菌属检测法

### C.1 适用范围

适用于未经处理或无害化处理后粪便、粪液和堆肥中的沙门氏菌测定。

### C.2 检测指标

沙门氏菌属是人类和动物常见的一组肠道致病菌，是肠道传染性疾病流行时，评价粪便无害化处理效果的主要指标。

### C.3 设备和材料

C.3.1 设备

天平、乳钵或均质器、恒温培养箱(36±1)℃，(44±0.5)℃、水浴箱、显微镜、冰箱、高压蒸汽灭菌器、pH 计或精密 pH 试纸、平皿、刻度吸管、试管、玻片、接种环(针)、采样瓶、锥形瓶。

C.3.2 培养基和试剂

C.3.2.1 样品稀释液

| | |
|---|---|
| 氯化钠 | 8.5 g |
| 蒸馏水 | 1 000 mL |

制法:将上述成分溶解于蒸馏水中，分装到加玻璃珠的锥形瓶内，每瓶 90 mL，121℃，20 min 高压蒸汽灭菌。

C.3.2.2 双倍料缓冲蛋白胨水(BP)

| | |
|---|---|
| 蛋白胨 | 20 g |
| 氯化钠 | 10 g |
| 磷酸氢二钠($Na_2HPO_4 \cdot 12H_2O$) | 18 g |
| 磷酸二氢钾($KH_2PO_4$) | 3 g |
| 蒸馏水 | 1 000 mL |

制法:将上述成分溶解于蒸馏水中,调节 pH 7.2,分装到内有玻璃珠的锥形瓶中,每瓶 100 mL,121℃,15 min 高压蒸汽灭菌。

C.3.2.3 氯化镁孔雀绿增菌液(MM)

C.3.2.3.1 甲液

| | |
|---|---|
| 胰蛋白胨 | 5 g |
| 氯化钠 | 8 g |
| 磷酸二氢钾 | 1.6 g |
| 蒸馏水 | 1 000 mL |

制法:将上述成分溶于蒸馏水中,121 ℃,15 min 高压蒸汽灭菌,为甲液。

C.3.2.3.2 乙液

| | |
|---|---|
| 氯化镁 | 40 g |
| 蒸馏水 | 1 000 mL |

制法:将上述成分溶于蒸馏水中,121 ℃,15 min 高压蒸汽灭菌,为乙液。

C.3.2.3.3 丙液

孔雀石绿溶液(4 g/L)

制法:取甲液 90 mL,乙液 9 mL 和丙液 2.7 mL,已无菌操作混合即成氯化镁孔雀绿增菌液(MM),分装无菌试管,每管 9 mL。

C.3.2.4 亚硫酸铋琼脂(BS)

| | |
|---|---|
| 蛋白胨 | 10 g |
| 牛肉膏 | 5 g |
| 葡萄糖 | 5 g |
| 硫酸亚铁($FeSO_4 \cdot 7H_2O$) | 0.3 g |
| 磷酸氢二钠($Na_2HPO_4. 12H_2O$) | 4 g |
| 孔雀石绿 | 0.025 g |
| 柠檬酸铋铵[$Bi(NH_4)_3(C_6H_5O_7)_2H_2O$] | 2 g |
| 亚硫酸钠($Na_2SO_3$) | 6 g |
| 琼脂 | 18 g~20 g |
| 蒸馏水 | 1 000 mL |

制法:将上述前 5 种成分溶解于 300 mL 蒸馏水中,将柠檬酸铋铵和亚硫酸钠另用 50 mL 蒸馏水溶解。将琼脂于 600 mL 蒸馏水中煮沸溶解,冷

却至 80℃。将以上三液合并,补充蒸馏水至 1 000 mL,调至 pH 7. 5,加入 5 mL 孔雀石绿溶液(5 g/L),摇匀。冷却至 50℃~55℃,倾注平皿备用,平板呈淡绿色。

注:此培养基不需高压灭菌,制备过程不宜过分加热,以免降低其选择性,应在临用前 1 d 制备,贮存于室温暗处, 超过 48 h 不宜使用。

C.3.2.5 SS 琼脂

C.3.2.5.1 基础培养基

| | |
|---|---|
| 牛肉膏 | 5 g |
| 际胨 | 5 g |
| 胆盐(三号) | 3.5 g |
| 琼脂 | 17 g |
| 蒸馏水 | 1 000 mL |

制法:将牛肉膏、际胨和胆盐溶解于 400 mL 蒸馏水中,将琼脂加入于 600 mL 蒸馏水中,煮沸使其溶解,再将两液混合,121 ℃,15 min 高压蒸汽灭菌,备用。

C.3.2.5.2 完全培养基

| | |
|---|---|
| 基础培养基 | 1 000 mL |
| 乳糖 | 10 g |
| 柠檬酸钠($Na_3C_6H_5O_7 \cdot 2H_2O$) | 8.5 g |
| 硫代硫酸钠($Na_2S_2O_3 \cdot 5H_2O$) | 8.5 g |
| 柠檬酸铁溶液($Na_3C_6H_5O_7 \cdot 2H_2O$)(100 g/L) | 10 mL |
| 中性红溶液(10 g/L) | 2.5 mL |
| 孔雀石绿溶液(1 g/L) | 0.33 mL |

制法:加热溶化基础培养基,按比例加入上述染料以外的各成分,充分混匀,调至 pH 7.0,加入中性红和孔雀石绿溶液,混匀后倾注平板。

注:制好的培养基宜当日使用,或保存于冰箱内于 48 h 内使用。孔雀石绿溶液配好后应在 10 d 以内使用。

C.3.2.6 三糖铁琼脂(TSI)

| | |
|---|---|
| 蛋白胨 | 20 g |
| 牛肉膏 | 5 g |

| | |
|---|---|
| 乳糖 | 10 g |
| 蔗糖 | 10 g |
| 葡萄糖 | 1 g |
| 氯化钠 | 5 g |
| 硫酸亚铁铵[$(NH_4)_2SO_4 \cdot FeSO_4 \cdot 6H_2O$] | 0.2 g |
| 硫代硫酸钠($Na_2S_2O_3 \cdot 5H_2O$) | 0.2 g |
| 琼脂 | 12 g |
| 酚红 | 0.025 g |
| 蒸馏水 | 1 000 mL |

制法：将上述除琼脂和酚红以外的各成分溶解于蒸馏水中，调至pH 7.4。加入琼脂,加热煮沸溶化。加入 5 mL 酚红(5 g/L)摇匀,分装试管,115℃,20 min 高压蒸汽灭菌。放置高层斜面备用。

C.3.3 革兰氏染色

C.3.3.1 革兰氏染液

C.3.3.1.1 结晶紫染液

| | |
|---|---|
| 结晶紫 | 1 g |
| 乙醇[$\varphi(C_2H_5OH) = 95\%$] | 20 mL |
| 草酸铵[$(NH_4)_2C_2O_4$]溶液(10 g/L) | 80 mL |

制法:将结晶紫溶解于乙醇中,与草酸铵染液混合。

C.3.3.1.2 革兰氏碘液

| | |
|---|---|
| 碘片 | 1 g |
| 碘化钾 | 2 g |
| 蒸馏水 | 300 mL |

制法:在碘化钾中加入少许蒸熘水溶解后,加入碘片充分振摇,再补足蒸馏水至 300 mL。

C.3.3.1.3 脱色剂

乙醇[$\varphi(C_2H_5OH) = 95\%$]

C.3.3.1.4 沙黄复染液

| | |
|---|---|
| 沙黄 | 0.25 g |
| 乙醇[$\varphi(C_2H_5OH) = 95\%$] | 10 mL |

蒸馏水　　90 mL

制法：将沙黄溶解于乙醇中，待完全溶解后加入蒸馏水。

C.3.3.2　染色法

将 18 h~24 h 的培养物涂片。

将涂片在火焰上固定，滴加结晶紫染色液，染 1 min，水洗。

滴加革兰氏碘液，作用 1 min，水洗。

滴加脱色剂，摇动玻片，直至无紫色脱落为止，约 30 s，水洗。

滴加复染剂，复染 1 min，水洗，待干，镜检。

C.3. 4　沙门氏菌属因子诊断血清

**C.4　检验步骤**

C.4.1　样品采集、制备

C.4.1.1　样品采集

C.4.1.1.1　粪便样品采集：用无菌铲（勺）采集粪便样品，在 5 个以上的采样点共采取约 500g，置无菌广口瓶内备检。

C.4.1. 1.2　堆肥样品采集：堆肥的表层（距表面 10 cm 以上）和中层断面各采集三点，用无菌镊子拣出样品中石块、木屑、玻璃等块状物，充分混合后取约 500 g。

C.4.1.1.3　粪稀样品采集：用无菌采样器、蠕动泵等，在三格化粪池、双瓮池、沼气池相应部位，采集贮粪池、沼气池内样品，样品量约 500 mL，置无菌广口瓶内备检。

C.4.1.2　样品制备

C.4.1.2.1　固态样品：将样品置于无菌瓷盘内，充分混匀称取 10 g 样品，放入带有玻璃珠的无菌锥形瓶内，加入 90 mL 生理盐水（8.5 g/L），混摇 3 min~5 min，制成混悬液。

C.4.1.2.2　粪稀等样品，取混摇均匀的粪稀 10 g 或粪稀液 10 mL，置于带有玻璃珠的无菌锥形瓶内，加入 90 mL 生理盐水（8.5 g/L），混摇 3 min~5 min，制成混悬液。

C.4.2　前增菌

以无菌操作，取制备的混悬液 10 mL 接种到 90 mL 缓冲蛋白胨水（BP）中，混匀，置（36±1）℃培养（18±2）h。

C.4.3　选择性增菌

用无菌吸管吸取 1 mL 增菌液加入到 9 mL 氯化镁孔雀绿增菌液(MM)中,置(44±0.5)℃培养 24~48 h。

C.4.4　分离

用接种环分别取选择性增菌液 1 环，划线接种于一个亚硫酸铋琼脂平板(BS)和一个 SS 琼脂平板,于(36±1) ℃培养 24 h~48 h,观察各个平板上生长的菌落。沙门氏菌在亚硫酸铋琼脂平板上的菌落特征为,产 $H_2S$ 菌落为棕褐色或灰色至黑色,有时有金属光泽,周围培养基呈棕色或黑色,不产 $H_2S$ 菌株呈灰绿色,周围培养基不变或微变暗;沙门氏菌在 SS 琼脂平板上的菌落特征为,无色半透明;产 $H_2S$ 菌株菌落中心带程度不同的黑色;乳糖阳性菌株为粉红色中心黑色。若各选择性平板上无可疑菌落生长,可直接报告未检出沙门氏菌。

C.4.5　生化试验

自选择性琼脂平板上用接种针直接挑取可疑菌落，分别接种三糖铁琼脂斜面上,尽可能多的选择可疑菌落,少于 5 个菌落的平板,应全部挑取。置(36±1)℃培养 24 h~48 h,观察结果。在三糖铁琼脂上,凡生化反应特征符合斜面为红色、高层变黄,少量或中等程度产气,产或不产 $H_2S$ 者,应继续进行血清学鉴定实验,全部变黄或仍为红色者弃之。

C.4.6　革兰氏染色

取三糖铁琼脂可疑阳性的斜面菌苔,涂片进行革兰氏染色,显微镜下镜检应为革兰氏阴性短杆菌。

C.4.7　血清学鉴定

用沙门氏菌因子血清做玻片凝集试验,同时用生理盐水做对照。

### C.5 结果报告

C.5.1　综合上述生化试验和血清学鉴定的结果，符合沙门氏菌属特征的确认检出沙门氏菌,并报告为“检出沙门氏菌”。

C.5.2　各选择性平板上无可疑菌落生长，或检出可疑菌落而生化试验和血清学鉴定不符合者,报告“未检出沙门氏菌”。

# 附　录 D

（规范性附录）

## 堆肥、粪稀中粪大肠菌群检测法

### D.1 适用范围

适用于堆肥、粪稀中粪大肠菌群测定。

### D.2 温度要求

粪大肠菌群系指一群需氧和兼性厌氧，在 44.5 ℃生长，发酵乳糖并在 24 h~48 h 内产酸产气的革兰氏阴性无芽孢杆菌。依粪大肠菌值，评价粪便无害化处理效果。

### D.3 设备和材料

D.3.1 设备

恒温培养箱：(36±1)℃、(44±0.5)℃、高压蒸汽灭菌器、显微镜、冰箱 4 ℃、接种环、电磁炉、锥形 瓶、试管、小导管、pH 计或精密 pH 试纸、温度计、灭菌吸管（10 mL、1 mL）、灭菌平皿[直径(*d*)90 mm]、载玻片、接种环。

D.3.2 培养基和试剂

D.3.2.1 乳糖胆盐培养基

D.3.2.1.1 成分：

| | |
|---|---|
| a)蛋白胨 | 20 g |
| b)猪胆盐（或牛、羊胆盐） | 5 g |
| c)乳糖 | 10 g |
| d)溴甲酚紫水溶液（4 g/L） | 2.5 mL |
| e)蒸馏水 | 1 000 mL |

D.3.2.1.2 制法：将 a)~c)加入蒸馏水中溶解，调 pH 到 7.2~7.4，加 d)，混匀，分装至带有小发酵倒管的试管内，每管 10 mL。115 ℃，20 min 灭菌。如需要二倍浓缩培养基，将上述成分 a)~d)的用量加倍，蒸馏水量不变，配

制即成。复发酵用乳糖发酵管,减除上述培养基成分中的胆盐即可。

D.3.2.2 品红亚硫酸钠培养基

D.3.2.2.1 成分:

| | |
|---|---|
| a)蛋白胨 | 10 g |
| b)酵母浸膏 | 5 g |
| c)牛肉膏 | 5 g |
| d)磷酸氢二钾($K_2HPO_4$) | 3.5 g |
| e)乳糖 | 10 g |
| f)亚硫酸钠($Na_2SO_3$) | 5 g |
| g)琼脂 | 15g~20 g |
| h)碱性品红乙醇溶液(50 g/L) | 20 mL |
| i)蒸馏水 | 1000 mL |

D.3.2.2.2 制法

D.3.2.2.2.1 将琼脂加入到500 mL蒸馏水中,煮沸溶解,于另500 mL蒸馏水中加入a)~d),加热溶解后与已溶解的琼脂混匀,调pH为7.2~7.4,加入乳糖,分装,115℃,20 min高压蒸汽灭菌。即成基础培养基,储存于冰箱4℃备用。

D.3.2.2.2.2 将亚硫酸钠用少许无菌蒸馏水溶解,沸水浴中煮沸10 min,用灭菌吸管滴加上述碱性品红乙醇溶液,至淡粉红色。将此混合液加入上述基础培养基中,充分混匀,倾注灭菌平皿。不能及时使用可置冰箱4℃避光保存备用,但不宜超过两周,如培养基成为深红色,则不能应用。

D.3.2.3 伊红美蓝(EMB)琼脂

D.3.2.3.1 成分

| | |
|---|---|
| 蛋白胨 | 10 g |
| 乳糖 | 10 g |
| 磷酸氢二钾($K_2HPO_4$) | 2 g |
| 琼脂 | 20 g |
| 伊红溶液(20 g/L) | 20 mL |
| 美蓝溶液(5 g/L) | 13 mL |
| 蒸馏水 | 1 000 mL |

D.3.2.3.2 制法

将琼脂加到 500 mL 蒸馏水中加热溶解，另取适量蒸馏水加入磷酸氢二钾、蛋白胨，混匀溶解，两液混合，补充蒸馏水至 1 000 mL，校正 pH 为 7.2~7.4，分装于锥形瓶内，121 ℃，15 min 灭菌备用。用前融化琼脂并加入乳糖，混匀冷至 50 ℃~55 ℃，无菌操作加入灭菌的伊红美蓝溶液，摇匀倾注平皿备用。

品红亚硫酸钠培养基与伊红美蓝（EMB）琼脂可任选其中一种。

D.3.2.4 革兰氏染色

同附录 C.4.6。

D.3.2.5 样品稀释液

| | |
|---|---|
| 氯化钠 | 8.5 g |
| 蒸馏水 | 1 000 mL |

制法:将上述成分溶解于蒸馏水中，分装到加玻璃珠的锥形瓶内，每瓶 90 mL，或按需要分装到试管中，121℃，20 min 高压蒸汽灭菌。

**D.4 操作步骤**

D.4.1 样品采集、制备

同附录 C.4.1.1。

D.4.2 样品接种

D.4.2.1 根据样品污染程度决定稀释度，避免样品接种结果均呈阳性或阴性。用无菌吸管吸取 1:10 样品混悬液 1 mL 加到含有 9 mL 灭菌生理盐水的试管中，制成 1:100 稀释液，由 1:100 稀释液管中用无菌吸管吸取 1 mL 加到含有 9 mL 灭菌生理盐水的试管中，制成 1:1 000 稀释液，按同法依次稀释，制成 1:10 000、1:100 000 等梯度稀释液。

D.4.2.2 初发酵试验:分别用 1 mL 灭菌吸管吸取 1:10、1:100、1:1 000、1:10 000 等稀释液各 1 mL，分别接种于乳糖胆盐发酵管内，置(44±0.5) ℃培养箱中培养 24 h(接种量为 10 mL 时，可用与接种量相等的双料乳糖胆盐发酵管)。

D.4.2.3 分离培养:将经培养 24 h 后，产酸产气或只产酸的发酵管，用接种环分别取发酵液，划线接种于碱性品红亚硫酸钠琼脂或伊红美蓝琼脂平板，置(36±1)℃培养 24 h。

D.4.2.4 染色镜检:用接种环挑取所使用培养基上生长的粪大肠菌可疑菌落的一小部分,进行革兰氏染色,镜检。

D.4.2.5 复发酵试验:经革兰氏染色,镜检为革兰氏阴性无芽孢杆菌,挑取该可疑菌落的另一部分接种乳糖发酵管,置(44±0.5)℃培养箱中培养24 h,如产酸产气,即证实有粪大肠菌群存在。

## D.5 结果报告

D.5.1 根据证实为粪大肠菌群的阳性发酵管数,查表 D. 1 粪大肠菌值表,报告样品粪大肠菌值/g(或 mL)。

D.5.2 由于表 D.1 是按一定的四个 10 倍浓度差接种量设计的(粪稀接种量为 10 mL、1 mL、0.1 mL 和 0.01 mL,粪便污泥接种量为 1 g、0.1 g、0.01 g 和 0.001 g),当采用其他四个 10 倍浓度差接种量时,需要修正表 D.1 中值,具体方法如下:

D.5.3 表内所列粪稀(粪便污泥)最大接种量增加 10 倍或减少 1/10 倍时,表 D. 1 的粪大肠菌值相应增加 10 倍或减少 1/10 倍。如粪稀接种量改为 10 mL、1 mL、0.1 mL 和 0.01 mL,表 D.1 的粪大肠菌值相应增加 10 倍。其他的四个 10 倍浓度差接种量的粪大肠菌值相应类推。

**表 D.1 粪大肠菌值表**

| 样品接种量 /g(或 mL) | | | | 菌值 |
|---|---|---|---|---|
| 10 | 1 | 0.1 | 0.01 | |
| — | — | — | — | > 11.1 |
| — | — | — | + | 11.1 |
| — | — | + | — | 11.1 |
| — | + | — | — | 10.5 |
| — | — | + | + | 5.6 |
| — | + | — | + | 5.3 |
| — | + | + | — | 4.6 |
| + | — | — | — | 4.3 |
| — | + | + | + | 3.6 |

续表

| 样品接种量/g(或 mL) | | | | 菌值 |
|---|---|---|---|---|
| 10 | 1 | 0.1 | 0.01 | |
| + | — | + | + | 1.1 |
| + | — | + | — | 1.0 |
| + | — | + | + | 0.6 |
| + | + | — | — | 0.4 |
| + | + | — | + | 0.1 |
| + | + | + | — | 0.04 |
| + | + | + | + | < 0.04 |

注:– 表示阴性发酵管。
+ 表示阳性发酵管。

# 附 录 E

（规范性附录）

## 蛔虫卵检查法

### E.1 堆肥蛔虫卵的检查

E.1.1 饱和硝酸钠漂浮法

E.1.1.1 方法原理

经碱性溶液处理使蛔虫卵从堆肥、粪便样品中分离，用饱和硝酸钠溶液将蛔虫卵漂浮，收集漂浮的蛔虫卵镜检，计数样品中的蛔虫卵个数。

E.1.1.2 设备与试剂

E.1.1.2.1 设备：离心机、电动振荡机、离心管（50 mL）、橡皮塞子、玻璃珠、金属丝圈、光学显微镜、铜筛（3 mm）、铜筛（2 mm）、滤器、漏斗、火棉胶滤膜、抽滤设备、瓷盘、镊子、眼科弯头小镊子。

E.1.1.2.2 试剂：氢氧化钠溶液（50 g/L），饱和硝酸钠溶液。福尔马林溶液[$\omega$(HCHO)=3%]，盐酸溶液（30 g/L）。

E.1.1.3 检验步骤

E.1.1.3.1 样品采集：（同附录 C.4.1.1）。

E.1.1.3.2 样品预处理：将样品倒于瓷盘内，压碎该样品中较大的土颗粒，先后用孔径 3 mm 的铜筛 和孔径 2 mm 的铜筛过筛，收集过筛后的样品。备检样品量不少于 100 g。多含大量腐烂蔬叶、瓜果皮 和草梗等纤维的堆肥样品，采用沉淀法。

E.1.1.3.3 分离虫卵：取过筛样 10 g，放入 50 mL 清洁离心管中，加入 35 mL~40 mL 氢氧化钠溶液（50 g/L）至刻度线，另加玻璃珠约 10 粒，用适当大小的橡皮塞紧塞管口，置电动振荡机上，振荡 10 min~15 min，转速 200 r/min~300 r/min，静置 15 min~30 min 后，再行振荡，如此重复 3 次~4 次，使蛔虫卵与堆肥分离。

E.1.1.3.4 漂浮虫卵:取下离心管,揭去橡皮塞子,用清水将附着在皮塞上和管口内壁的泥状物冲入管中,2 000 r/min~2 500 r/min 离心 3 min~5 min,倒去氢氧化钠溶液,加清水将沉淀物搅浑后,2 000 r/min~2 500 r/min 离心 3 min~5 min,倒去液体,加水漂洗,直到清洗透明为止。加入饱和硝酸钠溶液(密度 1.38 g/mL~1.40 g/mL),用玻璃棒搅成糊状后,徐徐添加饱和硝酸钠溶液,随加随搅, 直加到离管口约 10 mm 处,用一两滴饱和硝酸钠溶液清洗玻棒并收集于管中,2 000 r/min~2 500 r/min 离心 3 min~5 min。

E.l.1.3.5 虫卵收集:

a)捞取法:用直径 10 mm 的金属圈,将表层液膜移于盛有半杯清水的小烧杯中,约捞取 30 次后。重复虫卵分离、漂浮操作,适当增加一些饱和硝酸钠溶液,如此反复操 3 次~4 次,直到液膜涂片未查见虫卵为止。

b)黏贴法:在饱和硝酸钠溶液满至管口处,覆上 18 mm×18 mm 盖玻片。静置 15 min 后,取下盖玻片置于载玻片上镜检,反复 3 次,直到未查见虫卵为止。

E.1.1.3.6 抽滤:将烧杯中含卵液通过直径 35 mm 微孔火棉胶滤膜(孔径 0.65 μm~0. 80 μm)抽滤。一张滤膜不能滤过全部液体时,可另取滤膜过滤。

E.1.1.3.7 镜检:用眼科弯头镊子,将滤膜取下,平铺于 40 mm×75 mm 载物玻璃片上,滴加二、三滴 50%甘油溶液进行透明,低倍显微镜下镜检和计数。

E.1.1.4 样品保存

待检堆肥样品,需滴加福尔马林溶液[$\omega$(HCHO)=3%]或盐酸溶液(30 g/L)少许,加盖放置冰箱保存。

E.1.1.5 结果报告方式

计数虫卵数>150 个,并计算报告死亡率;检出蛔虫卵数小于 150 个,报告检出蛔虫卵总数与死、活虫卵个数。

E.1.2 沉淀法

E.1.2.1 适用条件

粪便样品、不具备滤膜滤器设备或多含大量腐烂蔬叶等纤维的堆肥样品,采用沉淀法检测其蛔虫卵数。

E.1.2.2 设备与试剂

E.1.2.2.1 设备：剪刀、锥形瓶、量杯（1 000 mL）、刻度量筒、橡胶塞、玻璃珠、光学显微镜、铜筛（3 mm）、铜筛（2 mm）、载玻片。

E.1.2.2.2 试剂：氢氧化钠溶液（50 g/L），饱和硝酸钠溶液。

E.1.2.3 检验步骤

E.1.2.3.1 样品采集（同 C.4.1.1）。

E.1.2.3.2 样品预处理：样品用剪刀剪小，清水浸泡，继将洗液静置沉淀，而后收集 100 mL 沉淀物备检。

E.1.2.3.3 水洗：量取 50 mL~100 mL 堆肥或粪便的浸出沉淀物，放在 500 mL 锥形瓶中，加入 100 mL~150 mL 氢氧化钠溶液（50 g/L）和三四十粒玻璃珠，塞以橡皮塞。浸泡 30 min 后，振摇 3 min~4 min，将上面的液体，倒入大烧杯中，再加等量清水于锥形瓶中，清洗 3~4 次，直到洗出液透明为止。

E.1.2.3.4 过滤：将收集的洗液，用 1~2 层纱布过滤于 1 000 mL 量杯中，静置 0.5 h~1 h，倒去上层液体，如此，约 30 min 换水一次，直至上层水澄清为止。

E.1.2.3.5 测定体积：用虹吸管吸去上层液体，将沉淀物倒入刻度量筒中，准确测量沉淀物的容积。

E.1.2.3.6 镜检：将沉淀物搅拌均匀，用 1 mL 吸管取 0.05 mL 和 0.1 mL 样品于载玻片，盖以盖玻片，在低倍镜下镜检并计数。

E.1.2.4 结果报告

连续观察 3 次，取其平均数，计算 1 mL 沉淀物的虫卵数，最后乘以沉淀总容积数，便是 100 g 原始堆肥样品的虫卵数。样片中虫卵数≥150 个，应按死亡率报告；样片中虫卵数≤150 个，分别报告实际虫卵总数与死、活虫卵个数。

**E.2 粪稀蛔虫卵的检查**

E.2.1 粪稀浓缩法

取出料口粪稀，样品量可达 5 000 mL，分别用 250 μm 铜筛过滤于量杯中，让其自然沉淀 1 h，倒去上层液体，另换清水搅浑，静置沉淀，反复水洗沉淀，至沉渣上面的水接近澄清后，弃去上清液。将沉渣倒入 100 mL 量筒中,测量沉渣的容积。经充分搅拌后,用 1 mL 玻璃吸管,迅速吸取沉渣 0.1 mL 于载玻片上,盖以盖玻片镜检。

E.2.2 司氏法

E.2.2.1 将定量(质量或容积均可)的稠粪样品,稀释为定量的稀释液,经混合均匀后,从中再吸出一定量的稀释液,在显微镜下,计数其中含有的蛔虫卵。然后按稀释的倍数,计算出该稀释液中的卵数,最后换算成单位重量或容积原样品中含有的蛔虫卵数。

E.2.2.2 用一支 100 mL 硬质玻璃试管,在容水 45 mL 处作一标志或刻度。

E.2.2.3 称取 3 g 搅匀的粪稀样品,装入试管中,注入氢氧化钠溶液[$c$(NaOH)=0.1 mol/L]的至 45 mL 标志或刻度处,另加十余粒玻璃珠。

E.2.2.4 用橡皮塞子紧塞管口后,极力振摇,使成均匀的混合液为止。如样品中含有粪块,应放置过夜,使有足够的消化时间。

E.2.2.5 在计数前再把它摇匀。摇后速用 1 mL 刻度吸管,吸取混合液 0.15 mL 于大型载物片(37 mm~75 mm)上,盖以 22 mm×40 mm 的盖玻片(如缺大载物片,则将吸出的 0.15 mL 混合液分别滴于 2~3 张一般大小的载物片上,盖以 10 mm×18 mm 的盖玻片亦可)。

E.2.2.6 然后在低倍显微镜下数完 0.15 mL 混悬液中所有的蛔虫卵数,将所数得的卵数乘以 100,即为每克粪稀中所含有的蛔虫卵数。

如样品稍稀,不用玻璃试管,改用 100 mL 锥形瓶亦可,在容积 60 mL 处,刻一刻度,取混匀的粪稀样品 4 mL 于此刻度烧瓶中,注入氢氧化钠溶液[$c$(NaOH)=0.1 mol/L],至 60 mL 刻度处,再放入十粒玻璃珠,用橡皮塞紧塞瓶口,极力振摇,直至混合液呈均匀状态为止。然后吸取 0.15 mL 混合液于载玻片上,盖以盖玻片,并在低倍镜下进行蛔虫卵计数,将所得的卵数乘 100,即是每毫升粪稀中所含有的蛔虫卵数。

# 附 录 F

(规范性附录)

## 粪稀钩虫卵检查法

### F.1 直接检查法

适用于直接粪便中检查虫卵检查(参照附录 E)。

### F.2 试管滤纸培养法

适用于通过培养钩虫幼虫的检查。

F.2.1 器材

试管[长 11.5 cm、内径(*d*)1.5 cm]、试管架、吸管、载玻片、盖玻片(20 mm×20 mm)、小镊子、显微镜、温箱、解剖镜或放大镜、滤纸条(将滤纸条对折用剪刀剪成宽度略大于试管直径,长度略短于试管的长条,通常大小约为 9.0 cm×1.6 cm,滤纸条要用剪刀剪,防止毛边)、竹签、旧报纸、橡皮筋。

F.2.2 检验步骤

F.2.2.1 在培养管上贴上标签并写上受检者的姓名和编号。

F.2.2.2 每管内加入冷开水约 2 mL。

F.2.2.3 将滤纸条沿长轴纵折,以保持挺直。

F.2.2.4 用吸管吸取粪稀或其沉淀物,涂抹于滤纸中段,左右各留 0.5 cm,上端留 1 cm,下端留约 2 cm 空白(面积约为 4 cm×1.3 cm)。

F.2.2.5 滤纸上面垫以吸水性强的粗草纸,以便吸去多余的水分。将涂布粪稀或其沉淀物的滤纸插人管中,但不应该接触管底,滤纸条插入管中的深度,以水只接触滤纸而不碰到粪稀或其沉淀物为准。

F.2.2.6 将培养管置于 31℃温度中培养 4 d,或置于 26℃~30℃温度中培养 6 d~8 d。以保证所有幼虫都有足够的时间发育到感染期幼虫。

F.2.2.7 分离幼虫:沿管壁加人 45℃温水,淹没滤纸上的粪便,1 h 后用镊子取出滤纸条，弃去。将培养管静置 1 h，用吸管吸去上清液，幼虫留于管底 0.5 mL 或更少的水内。

F.2.2.8 用放大镜(4 倍以上)或解剖镜以侧照法检查沉淀物内有无活的幼虫。如有活的幼虫，可先将管底部浸于 50 ℃~60 ℃的热水内抑制活动。

F.2.2.9 吸取沉淀物 1~3 滴于载玻片上，将载霉片置于低倍镜下(10×10)检查，为使可折光的幼虫易于观察，检查时要尽量缩小光圈减弱光线，如需详细辨认幼虫，可加上盖玻片，在高倍镜下(40×10)检查，必要时可用目镜测微计测量幼虫。

**表 F.1 钩虫、粪类圆线虫、东方毛圆线虫丝状蚴鉴别要点**

| 特征 | 钩虫 | 粪类圆线虫 | 东方毛圆线虫 |
|---|---|---|---|
| 蚴体长度 | 0.5 mm~0.7 mm | 0.5 mm | 0.75 mm |
| 食道长度 | 1/5 体长 | 1/2 体长 | 1/4 体长 |
| 生殖原基 | 位于蚴体中部 | 位于蚴体后部 | 纯圆，有小球状 |
| 尾 端 | 尖细 | 分叉 | — |

# 附 录 G

(规范性附录)

## 粪稀中血吸虫卵检查法

### G.1 直接检查法

适用于粪便中血吸虫卵的检测(参照附录 E)。

### G.2 尼龙袋集卵孵化法

适用于粪便中血吸虫卵数量较低时与粪稀中血吸虫卵的检测。

G.2.1 仪器

180 μm~250 μm 尼龙袋、55 μm 尼龙袋、250 mL 锥形瓶、竹筷、尼龙袋支架、止血钳、水管、水桶、脱氯水等。

尼龙袋准备:

a) 55 μm 锥形尼龙袋:取 55 μm 尼龙绢裁剪成扇形裁片,两边以聚氨酯黏合剂黏合。用 8 号铁 丝弯成直径为 8 cm 的带柄圆圈,将尼龙袋的上口缝合到铁丝圆圈上。袋深约 20 cm,下端剪成直径约 1.5 cm 的开口;

b) 180 μm~250 μm 尼龙袋: 取 180 μm~250 μm 的尼龙绢裁剪成圆形,以 8 号铁丝弯成直径为 8 cm 的带柄圆圈,将尼龙袋的上口缝合到铁丝圆圈上,袋深约 5 cm。

G.2.2 检验步骤

G.2.2.1 水洗浓集

取混匀的粪稀 100 mL,如果出口很稀可以浓缩后取(取粪液出料口上层粪稀 3 000 mL~4 000 mL,下层粪稀 1 000 mL~2 000 mL,分别用 250 μm 铜筛过滤于 1~2 个 2 000 mL 量杯中,让其自然沉淀)100 mL。置于 250 μm 尼龙袋中,250 μm 尼龙袋置于下口夹有止血钳的 55 μm 尼龙袋口上;淋水冲洗,使粪液直接滤入 55 μm 尼龙袋中;然后移去 250 μm 尼龙袋,继续淋水冲洗 55 μm 锥形尼龙袋内粪渣,并用竹筷在袋外轻轻刮动助滤,直到滤出液变清；将锥形袋的下口置入锥形瓶口上，取下袋底下口的止血钳，将袋内沉渣冲洗入锥形瓶。

G.2.2.2　毛蚴孵化

将盛有粪便沉渣的锥形瓶加脱氯水至离瓶口 1 cm 处，放入孵化室（箱）孵化，最适宜的孵化温度为 26℃~30℃。

G.2.2.3　毛蚴观察

观察时烧瓶后衬以深色背景，每瓶观察时间不少于 2 min。观察时注意毛蚴与水中原生动物的区别（见表 G.1），必要时用毛细吸管吸出，在显微镜下鉴别。孵化阳性需经两人确认。观察时间随温度高低而不同。气温超出 30℃时，0.5 h~1 h 后观察第 1 次，4 h 后观察第 2 次，8 h 后观察第 3 次；气温在 26 ℃~30 ℃时，4 h、8 h 及 12 h 分别观察；气温在 20 ℃~25 ℃时，则可在 8 h 后观察第 1 次，12 h 后观察第 2 次。

**表 G.1　血吸虫毛蚴与水中原生动物的鉴别要点**

| 特 征 | 血吸虫毛蚴 | 水中原生动物 |
|---|---|---|
| 形状 | 针尖大，大小一致梢带长形 | 大小不一，扁形或圆形 |
| 颜色 | 透明发亮，有折光 | 灰黄或灰白色，不透明，无折光 |
| 游动速度 | 游动迅速，来回不停匀速前进 | 游动缓慢，时游时停，游速不匀 |
| 游动方向 | 都为直线的斜向，横向，直向前进 | 多为曲线，无一定方向 |
| 游动方式 | 碰壁后折回，一般不在中途改变方向，折回后 又直线匀速前进 | 呈间歇式、波浪式、螺旋式，跳板式和摇摆式 |
| 游动范围 | 多在水面下 1 cm~4 cm 处 | 范围广，水之上、中、下层都有 |

G.2.2.4　注意事项

G.2.2.4.1　孵化用自来水时，一般要将水过夜脱氯；急用时可在水中加入少量硫代硫酸钠（每 50 L 水中，加入硫代硫酸钠 0.2 g~0.4 g）除氯 0.5 h 后使用。如用河水或井水，可将水加热至 60℃或经过滤，以除去水虫。

G.2.2.4.2　温度是促使虫卵孵化的必要条件，25 ℃左右最适宜。室温在 20 ℃以下或更低时，必须加温。

G.2.2.4.3　一切粪检用具每次用后都必须清洗干净，浸泡入 60 ℃~80 ℃热水中杀死虫卵；尼龙袋正反面反复冲洗，浸泡入 80 ℃热水浸泡 2 min~3 min

杀卵,避免交叉污染。

G.2.2.4.4 残余的粪便、粪渣、粪水和沉渣等必须倒入指定的沉淀粪池中贮存或用药物杀卵,以防病原扩散。

G.2.2.4.5 尼龙绢袋使用过久,孔目变形或孔目破损者应及时更换,以免影响效果。

# 附 录 H

(规范性附录)

## 蠕虫卵死活鉴别方法

### H.1 直接镜检法

H. 1.1 适用范围

适用于粪便样品蛔虫卵生活力试验与无害化效果评价。镜检并依据形态,以鉴别其死活。

H.1.2 形态鉴别要点

H.1.2.1 未受精蛔虫卵的形态:

多为长椭圆形,有时呈三菱形或不规则形,大小平均为(80~98) μm×(40~60)μm,一般为黄褐色,有时蛋白质壳发育不全,有时完全失去蛋白质壳,卵内经常充满大大小小油滴状的卵黄细胞。

H.1.2.2 受精蛔虫卵的形态:

活的受精蛔虫卵的形态:蛋白质壳为黄褐色,脱去蛋白质壳的为无色透明;平均大小为(50~70)μm× (40~50)μm;外层卵壳厚,内层壳薄,有屈光性,最外层的蛋白质壳也很厚,呈乳状或花纹 状突起;卵内有一个球形的卵细胞,卵壳两端和卵细胞之间,有半月形的空隙,卵内的卵黄颗粒清晰而致密。

H. 1.2.3 死受精蛔虫卵(变性卵)的形态:

a)卵细胞移向一端,致使卵壳两端呈现有大小不等的半月形空隙。

b)卵内脂肪变性,形成空泡,很像未受精卵,高温堆肥样品中卵内的空泡尤为显著。

c)卵细胞颗粒减少或消失。

d)卵细胞质浑浊,呈黑色或棕黑色。

e)卵细胞向不定部位呈球状收缩。

f)卵壳的一侧或两侧,一端或两端向内凹陷或破裂。

g)只有蛋白质壳,而缺内容物。

H. 1.2.4 含有活幼虫卵的形态:

虫体的前后部没有颗粒,中部颗粒清晰而有金属光泽,有立体感,镜检时,注视或轻压,可见有轻微蠕动,强压后,有时可挤出幼虫。

H. 1.2.5 含有死幼虫卵的形态:

幼虫体内几乎充满颗粒,且模糊不清,无金属光泽,缺乏立体感,镜检时注视之,久久不见蠕动,稍稍加热或轻压,不会蠕动;强压时,虽能挤出幼虫,也不改变其原来的状态。

以上所列是死活蛔虫卵的一般形态,在镜检中有时会遇到外形发生变化的畸形活卵和各种形态的未受精卵,以及容易误认为寄生虫卵异物。

**H.2 滤膜培养法**

H.2.1 适用范围

适用于观察粪便样品蛔虫卵发育过程试验与评价粪便无害化技术。

通过饱和硝酸钠溶液离心漂浮后收集在滤膜上的蛔虫卵,经过培养观察其发育、死亡状况并计数。

H.2.2 操作步骤

H.2.2.1 在直径 10 cm~12 cm 的玻璃平皿的底部平铺一层厚约 1 cm 的脱脂棉(或微孔塑料),脱脂棉上铺一张直径与平皿等大的普通滤纸。

H.2.2.2 为防止霉菌和原生动物的繁殖,可加入甲醛溶液[$\omega$(HCHO) = 2%~3%]或甲醛生理盐水,以湿透滤纸和脱脂棉。

H.2.2.3 把含卵滤膜平铺在皿中滤纸上加盖,并在监盖上编号。一个平皿可同时放上几张滤膜,互不接触。

H.2.2.4 把平皿放在 24 ℃~26 ℃:的恒温箱中培养一个月,培养过程中经常滴加清水或甲醛溶液[$\omega$(HCHO)= 2 %~3 %],使滤膜保持潮湿状态。

注:堆肥样品中的蛔虫卵,因受温度的影响,死卵的形态变化比较显著,往往培养不到一个月,即能明确判定为死卵,无需继续培养。

H.2.2.5 培养一个月后自皿中取出滤膜置于载玻片上,滴加甘油溶液(500 g/L),使其透明后,在低倍镜下查找蛔虫卵,然后在高倍镜下,根据形态,鉴定蛔虫卵的死活,并加以计数。镜检时有时会感到视野的亮度和滤膜的透明度不够理想,则可在一张载物片上,滴一滴清水,另用一张盖玻片从滤膜上刮下少许含蛔虫卵滤渣，与水混合搅匀，盖上同一盖玻片进行镜检，或是在载玻片上滴 1~2 小滴“30%安替福尼”液代替清水，蛔虫卵外面的蛋白质壳很快被溶解掉，内部构造便于观察。凡含有幼虫的，都认为是活卵，其他阶段的或单细胞的，都判为是死卵。

H.3 图谱

H.3.1　蛔虫卵

H.3.1.1　蛔虫卵发育各阶段图谱

图 H.1 为受精卵，宽椭圆形，最外层为厚而呈乳头状突起的蛋白膜，壳呈棕黄色，卵细胞呈微细颗粒状淡黄色，尚处于单细胞阶段，发育初期。图 H.2 为受精卵从单细胞发育至两个分裂球期。

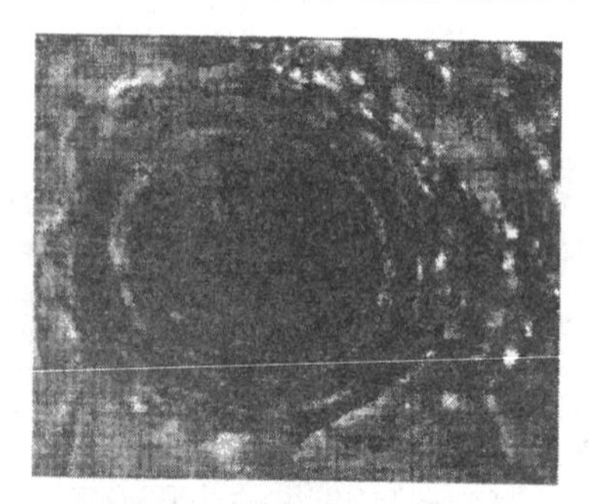

图 H.1　受精卵(400 倍)

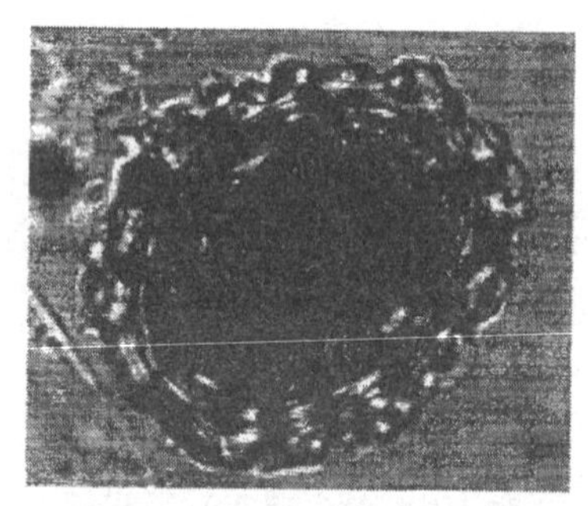

图 H.2　两个分裂球期(400 倍)

图 H.3 为受精卵从单细胞发育至四个细胞球期，外层具有显著的蛋白膜。图 H.4 为受精卵从单 细胞发育至多细胞球期，外层具有显著的蛋白膜。

图 H.3　四个分裂球期(400 倍)

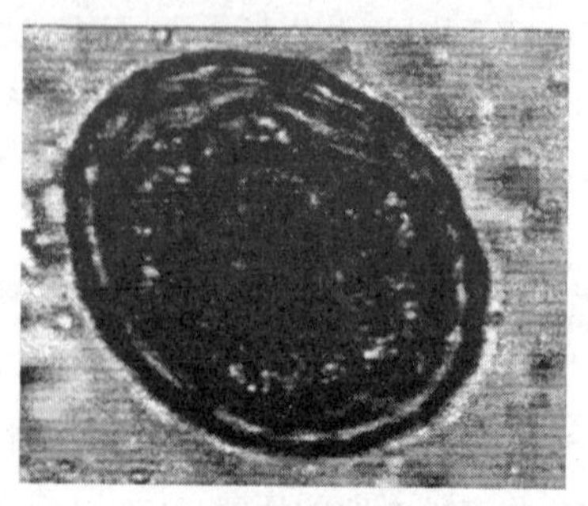

图 H.4　多个分裂球期(400 倍)

图 H.5 为受精卵从单细胞发育至桑葚期。图 H.6 为受精卵从单细胞发育至原肠胚期，外层具有显著的蛋白膜。

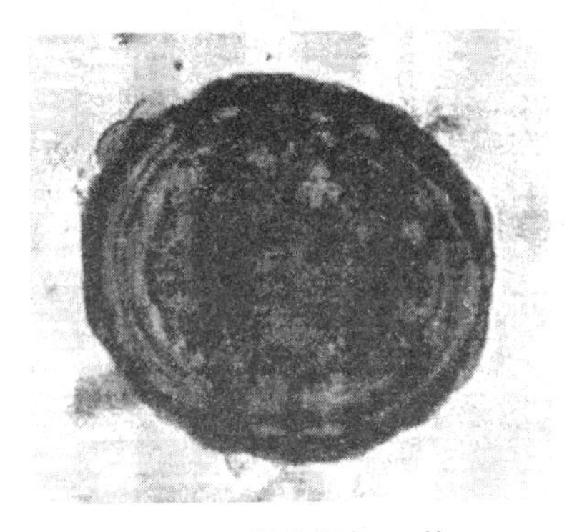

图 H.5　桑葚期(400 倍)

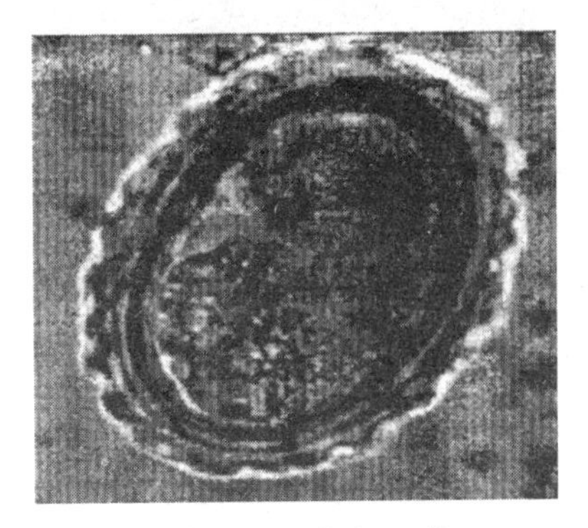

图 H.6　肠胚期(400 倍)

图 H.7 为受精卵从单细胞发育至蝌蚪期。图 H.8 为受精卵从单细胞发育至幼虫期，具有感染性。

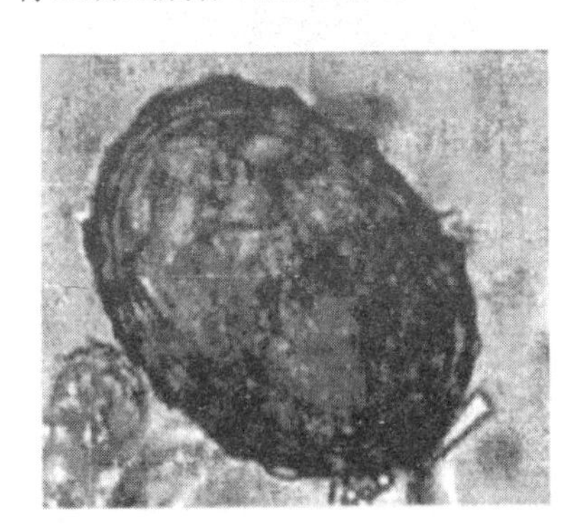

图 H. 7 蝌蚪期(400)

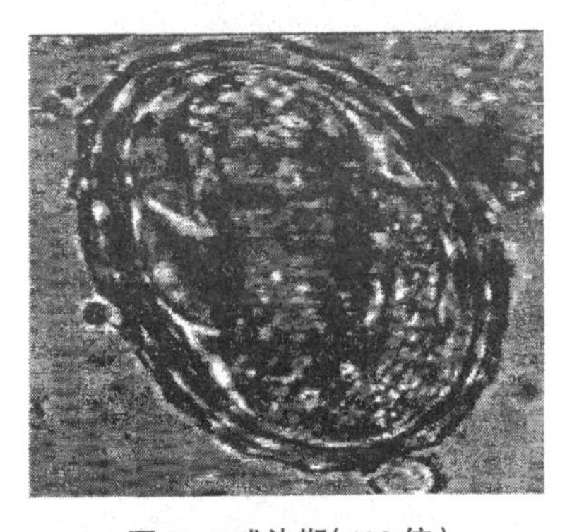

图 H. 8 感染期(400 倍)

H.3.1.2 蛔虫卵死卵图谱

图 H.9 为未受精卵，长椭圆形，外层蛋白膜有锯齿状突起，卵内含大小不等的屈光性圆形颗粒，比受精卵略长，在形态鉴别上判定为死蛔虫卵。图 H.10 为死卵，卵黄颗粒变性，卵细胞萎缩，卵细胞靠向一边。

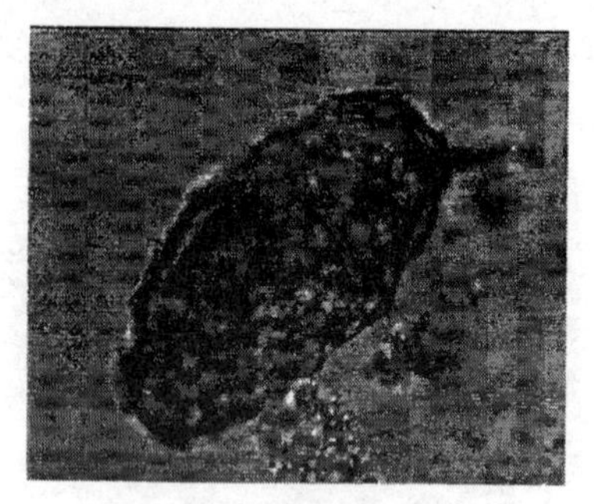

图 H.9　未受精卵(400 倍)

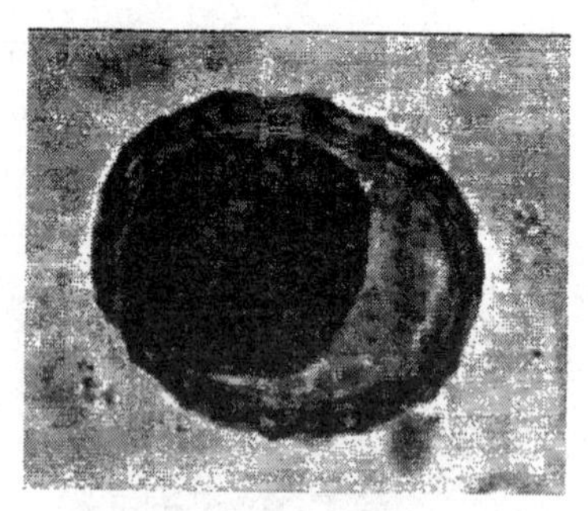

图 H.10　卵细胞萎缩(400 倍)

图 H.11 为死卵,卵黄颗粒变性,混浊,颜色为褐色。图 H.12 为死卵,卵黄颗粒变性,混浊,外层蛋白膜不规则。

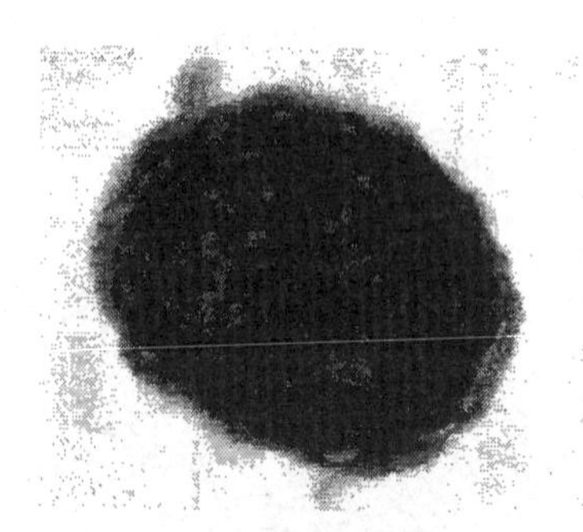

图 H.11　卵细胞变性(400 倍)

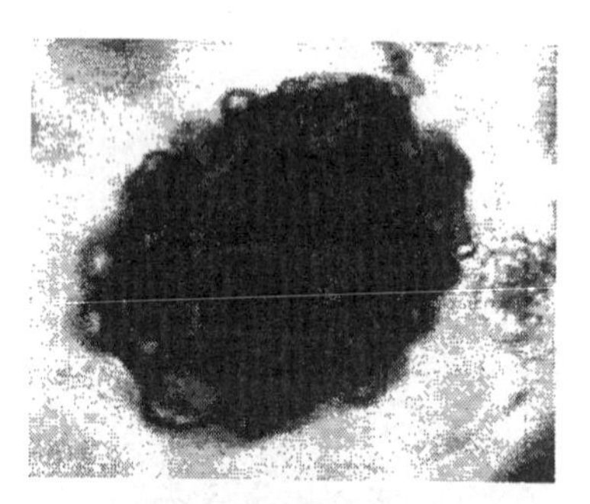

图 H.12　卵细胞浑浊(400 倍)

图 H.13 为死卵,卵黄颗粒变性,卵细胞形成空泡。图 H.14 为死卵,卵黄颗粒变性,卵细胞溶解。

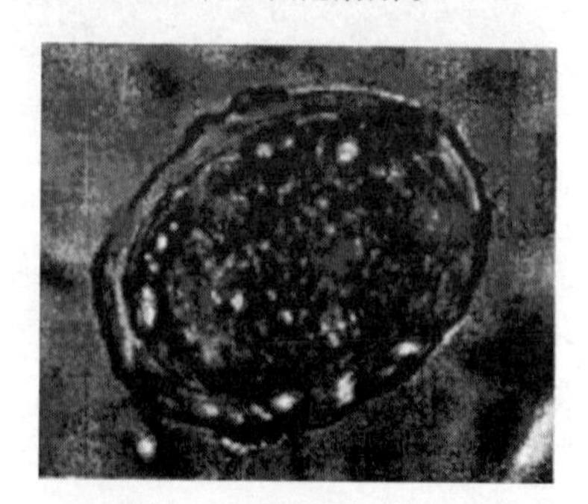

图 H.13　卵细胞空泡(400 倍)

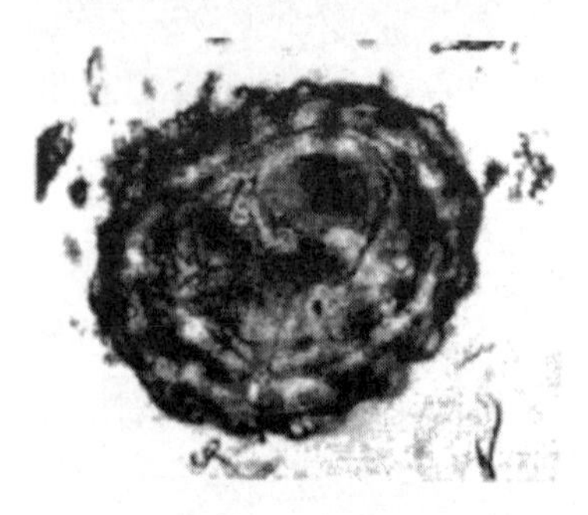

图 H.14　卵细胞溶解(400 倍)

图 H.15 为死卵,卵黄颗粒变性,卵细胞翘起。图 H.16 为死卵,卵黄颗粒变性,卵细胞混浊,颜色变为褐黑色。

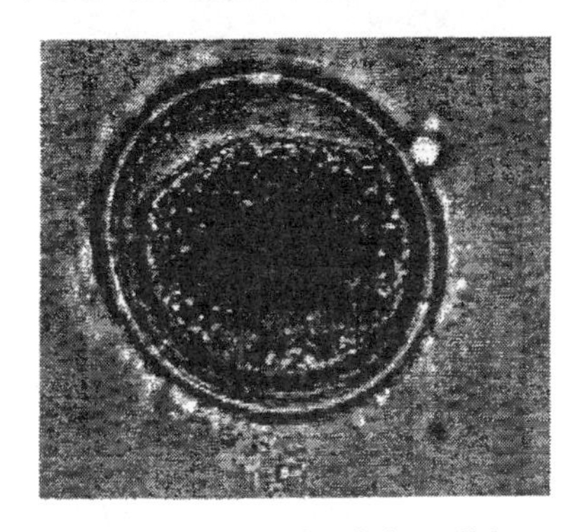

**图 H.15 卵细胞翘起(400 倍)**

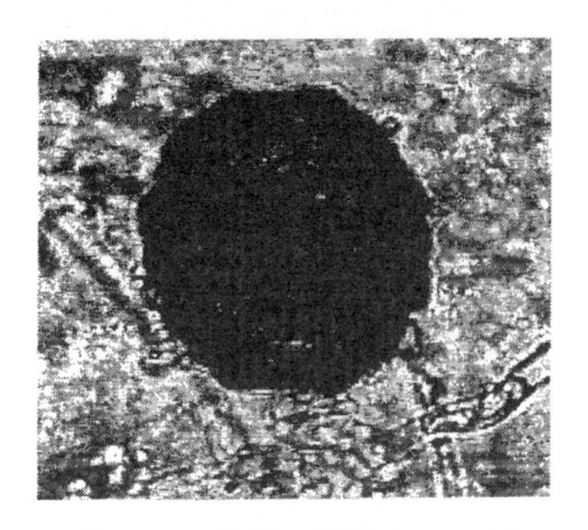

**图 H.16 卵细胞变褐色(400 倍)**

H.3.2 血吸虫卵死活图谱

图 H.17 为胚胎期卵,活卵。无卵盖,壳薄,侧突短小。图 H.18 为成熟期卵,活卵。无卵盖,壳薄,侧突短小,卵内含成熟毛蚴。

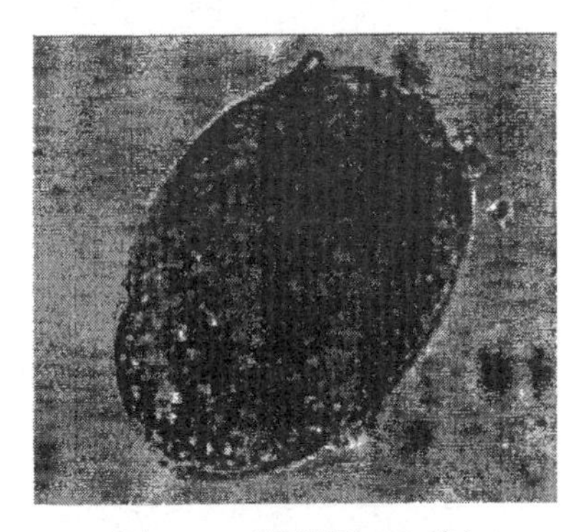

**图 H.17 胚胎期(400 倍)**

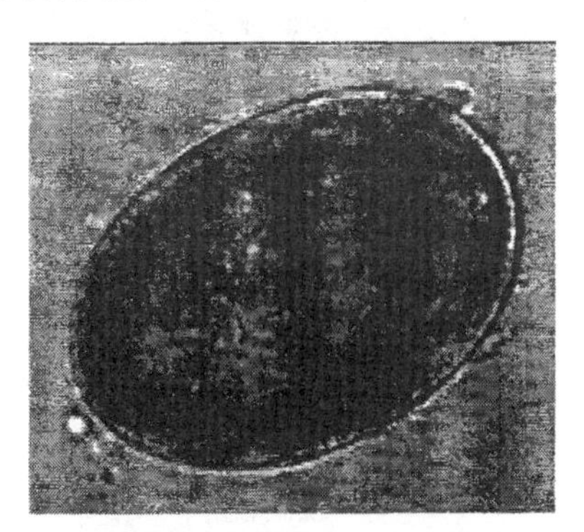

**图 H.18 含成熟毛蚴(400 倍)**

图 H.19 为变性死卵。卵细胞变性,颜色变为黑色,无卵盖,壳薄,侧突短小。图 H.20 为空壳死卵,内无内容物。

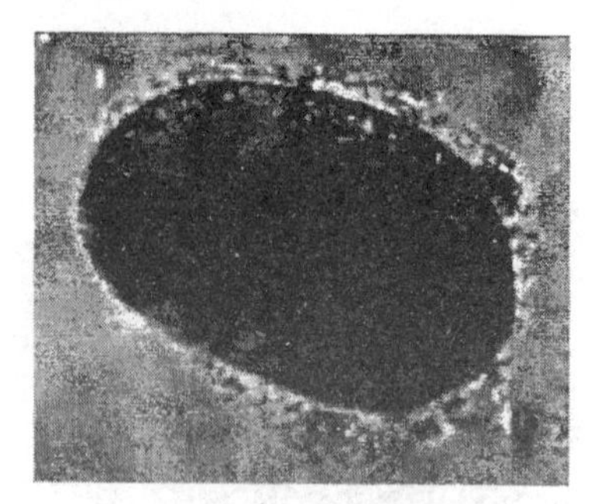
图 H.19　变性卵(400 倍)

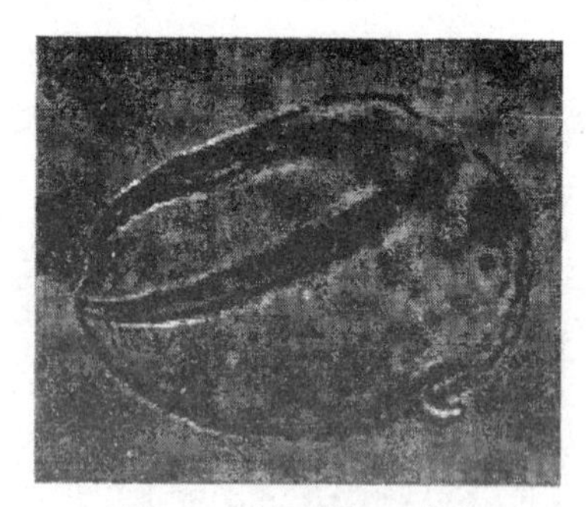
图 H.20　空壳(400 倍)

H.3.3 钩虫卵发育的各阶段图谱

图 H.21 为多细胞球期，钩虫卵发育 8 个以上分裂球期，新鲜卵内含 4~16 个灰色颗粒状细胞,卵壳透明。图 H.22 为发育至桑葚期,卵壳透明。

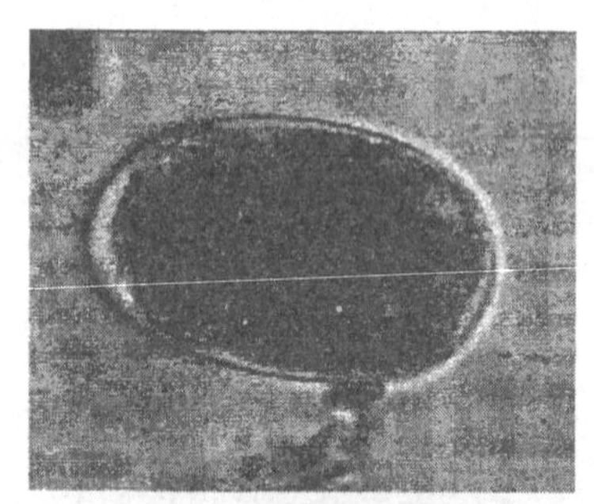
图 H.21　多细胞球期(400 倍)

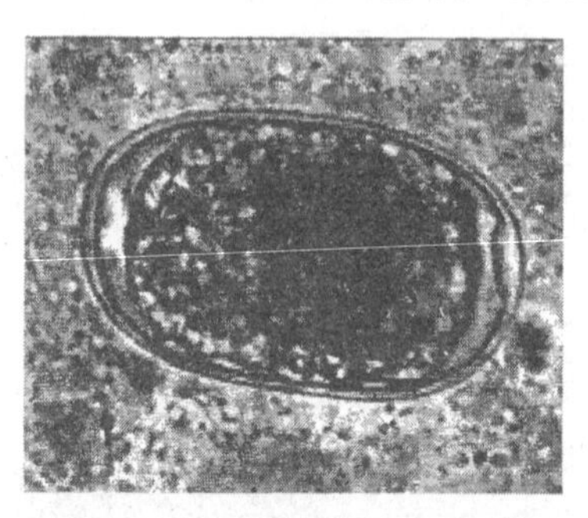
图 H.22　桑葚期(400 倍)

图 H.23 为发育至蝌蚪期,卵壳透明。图 H.24 为发育至感染期,卵内形成 U 形幼虫,卵壳透明。

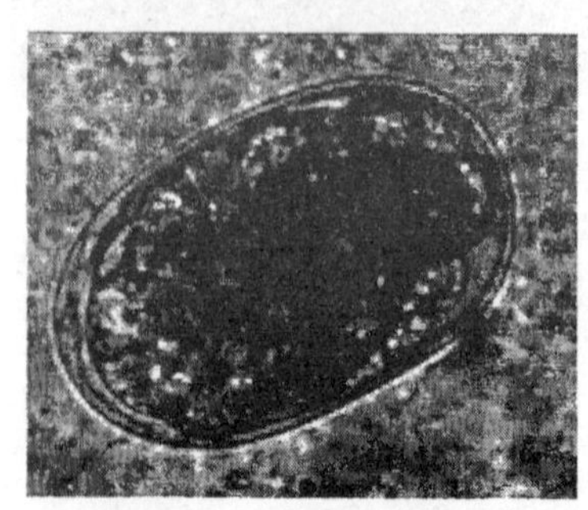
图 H.23　蝌蚪期(400 倍)

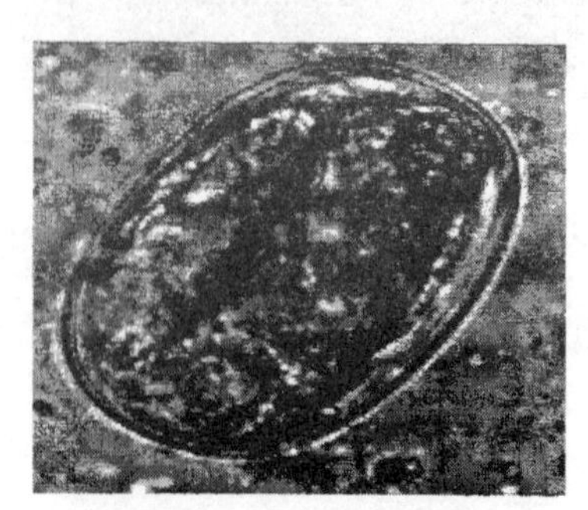
图 H.24　感染期(400 倍)

H.3.4 鞭虫卵发育的各阶段图谱

图 H.25 为发育初期,腰鼓形,两端各有一个无色的塞状突起。图 H.26 为发育至多细胞期,腰鼓形,两端有无色的塞状突起。

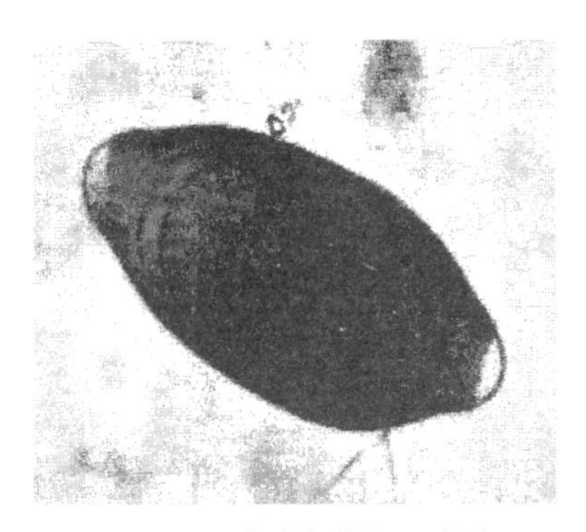

图 H.25 **发育初期**(400 倍)

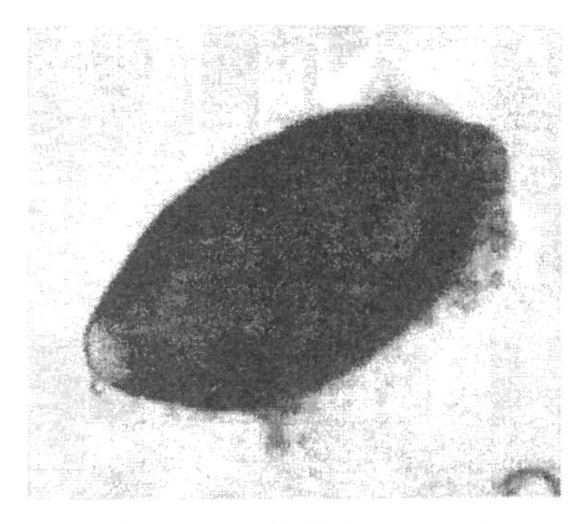

图 H.26 **多细胞期**(400 倍)

图 H.27 为发育至多细胞期,卵细胞颗粒清晰,两端有无色的塞状突起。图 H.28 为发育至感染期,卵内形成虫形,两端有无色的塞状突起。

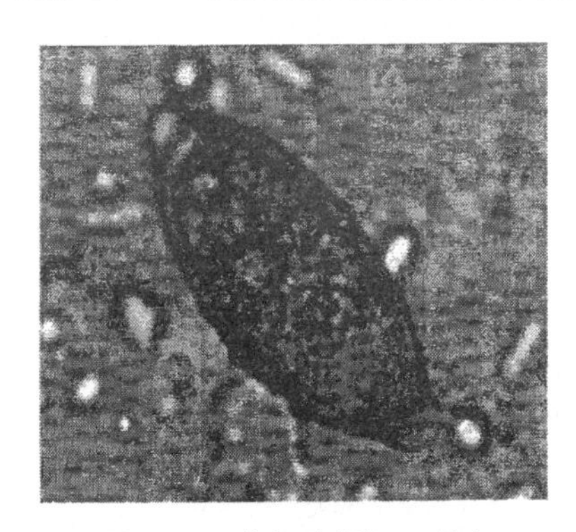

图 H.27 **多细胞期**(400 倍)

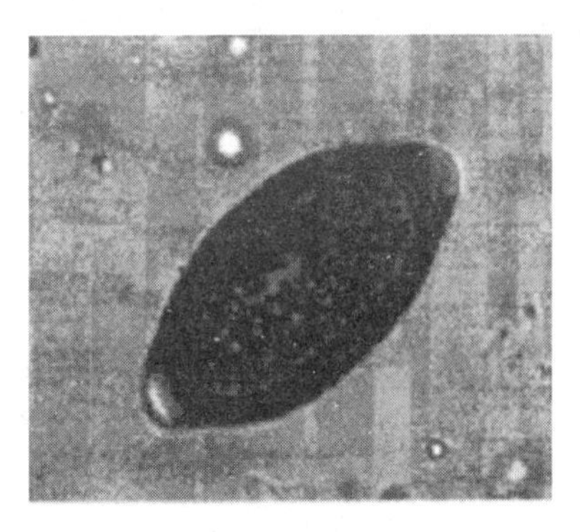

图 H.28 **感染期**(400 倍)

# 附 录 I

（规范性附录）

## 蚊、蝇的密度监测方法

### I.1 蚊的密度监测

I.1. 1 厕屋内检测法

每个点选 4 个厕所，日落 1 h(或晚上亮灯之后)，用电动捕蚊器，室内分别捕蚊 15 min，取下电动吸蚊器带有蚊部分，直接乙醚麻醉致死后，分拣蚊，计算捕蚊数目，填写记录表格。可以用电蚊拍代替电动吸蚊器。注意：捕蚊时间为日落 1 h(或晚上亮灯之后)。

人房、畜圈(牛棚、猪圈等)可以参照执行。

蚊密度(只数)为捕蚊数目总和(只数)。

I.1.2 厕所周围环境检测法

$CO_2$ 诱蚊灯悬室外，悬挂高度离地面约 1.5 m。灯布好后，于日落时开灯。次日日出时，先取下蚊笼(纱网)，在笼上贴标记(日期、采集地点、灯的编号)，然后关灯，收灯。将装蚊的蚊笼放入塑料袋内(切勿挤压)，用乙醚麻醉后，做好标记，分拣蚊(或放置在通风阴凉且蚂蚁等昆虫爬不到的位置，送给专业人员分拣)，填写记录表格，计算密度指数。

挂灯位置要远离二氧化碳源(厨房、火堆等)环境，避开强光源(路灯等夜间长明灯)，周边 5 m 内没有大的遮挡物。

蚊密度(只数)为诱蚊灯捕获蚊总数(只数)。

I.1.3 目测法

每个点选 4 个厕所，日落后 1 h，在采样场所，借助手电观察墙壁等部位，记录所看到的蚊数，一个场 所($12\ m^2$)观察 15 min。

蚊密度(只数)为观察蚊总数(只数)。

I.2 蝇密度监测

I.2.1 粘蝇条(纸)法

每个监测点选 10 个厕所,每个厕所分别悬挂 3 个粘蝇条,总计 30 个粘蝇条,24 h 后查看粘蝇条上的蝇数量,记录粘住蝇总数。

$$D=\frac{T}{t_p} \quad \cdots\cdots \quad (I.1)$$

式中:

$D$——蝇密度,单位为只;

$T$——粘住蝇的总数,单位为只

$t_p$——蝇条总数。

I.1.3 目测法

目测每个厕所内蝇数目,3 min 之内计数两遍, 以数目较高者数字为准,除以厕所面积即为密度指数。

观测时间为 10:00~16:00。

$$D=\frac{T}{M} \quad \cdots\cdots \quad (I.2)$$

$D$——蝇密度,单位为只;

$T$——观察到的蝇数,单位为只;

$M$——厕所面积,单位为平方米($m^2$)。

**I.3 蝇蛆密度**

I.3.1 单位面积计算法

在蝇蛆孳生地划出 1 $m^2$ 的范围,摊平孳生物,拣出全部蝇蛆,为每平方米蝇蛆数。

I.3.2 捞勺计算法

于稀水粪坑内,用一定大小的长柄捞勺,每捞一勺计数一次,共捞勺 5 次,求平均数,为每勺蝇蛆数。

# 参考文献

1. 王新谋.猪场粪便污水处理和利用[J].云南畜牧兽医,1997,(3):8~12.

2. NY/T 1168—2006.畜禽粪便无害化处理技术规范[S].

3. NY/T 1168—2006.沼肥施用技术规范[S].

4. DB64/T 871—2013.畜禽粪便堆肥技术规范[S].

5. GB 18596—2001.畜禽养殖业污染物排放标准[S].

6. GB/T 27622—2011.畜禽粪便贮存设施设计要求[S].

7. 牟海日,甄云兰.浅议我国肉牛业的发展方向[J].中国畜牧业,2016,(15):36~37.

8. 赵万余. 固原市肉牛产业发展现状及对策 [J]. 湖北畜牧兽医,2015,35(12):85~87.

9. 董金鹏,张圆圆,孙世民.中国畜禽养殖业清洁生产的实践探索[J].中国畜牧杂志,2018,54(10):130~133.

10. 全国畜牧总站. 粪污处理技术百问百答 [M]. 中国农业出版社,2012.

11. 冯定远. 多元螯合与多重螯合微量元素的理论及在饲料业中的应用[J].动物营养学报,2014,26(10):2956~2963.

12. Poulsen H D.Zinc oxide for weaning piglets [J].ActaAgric Scand,1995,45(3):159~167.

13. 田丽娜,朱风华,任慧英,等.纳米氧化锌对肉仔鸡抗氧化性能的影响[J].动物营养学报,2009,21(4):534~539.

14. 薛选登,尹敬茹.基于主成分分析的中国畜产品主产区国际竞争力研究[J] .世界农业,2015.439(11):223~227.

15. 李林,李金明,郑书涛.是什么绊住了提升畜产品品质的步伐——抗生素在饲料应用中的问题与替代品的发展［J］. 中国动物保健，2008，(109):13~16.

16. 滕克合. 微生物饲料添加剂在养殖业中的应用［J］. 现代化农业，2005,(1):19~20.

17. 张建飞，戎海沿. 微生物饲料添加剂在饲料中的应用及生产工艺［J］.畜牧与饲料科学，2010(2).

18. 潘康成,何明清.我国微生物添加剂研究及应用[J].兽药与饲料添加剂,2002,7(4):35~37.

19. 固原市统计局.固原统计年鉴(1949—2005).

20. 固原市统计局，国家统计局固原调查队. 固原市情数据手册(2006—2017).